지진으로부터 아이를 지키는 생존 매뉴얼 50

지진으로부터 아이를 지키는 생존 매뉴얼 50
Copyright © 2012 by Nobue Kunizaki
All rights reserved.
First published in 2012 in Japan under the title
Ketteiban Kyodai Jishin Kara Kodomo wo Mamoru 50 no Houhou
by Bronze Publishing Inc. Tokyo
Korean translation rights © 2018 by BONUS Publishing Co.
through BC Agency.
이 책의 한국어판 저작권은 BC 에이전시를 통한 저작권자와의 독점 계약으로 보누스출판사에 있습니다.
저작권법에 의해 보호를 받는 저작물이므로 무단전재와 무단복제를 금합니다.

지진으로부터 아이를 지키는 생존 매뉴얼 50

가구 배치, 대피방법, 생존배낭,
2차피해 대책, 지진 후 생활

구니자키 노부에 지음 | 박재영 옮김

보누스

머리말

가족과 함께 재해를 극복하고 안전을 지키려면

1995년 고베 대지진에 충격을 받은 필자는 방재 대책 연구에 힘써왔다. 그러나 그 재해의 기억이 흐릿해지기도 전에 또다시 일본 각지에서 잇따라 지진이 일어났으며, 결국 일본 관측 사상 최대 규모의 동일본 대지진이 발생하고 말았다. 규모 9.0의 대지진과 더불어 발생한 쓰나미가 도호쿠 연안 지역을 집어삼키며 초토화시켰다. 사망 혹은 행방불명된 사람이 약 2만 명에 달했으며, 건물 100만 채 이상이 파괴되었다. 여러 지역을 동시다발적으로 덮친 광역 재해는 기존의 상식을 완전히 뒤집어놓을 정도였다.

고베 대지진은 도시형 재해, 니가타현 주에쓰 지진은 산간 지역 재해, 동일본 대지진은 해변 지역 재해다. 이렇게 지진이 일어날 때마다 늘 새로운 교훈을 얻는다. 따라서 우리는 재해로부터 최대한 많은 정보를 얻어서 새로운 문제에 관심을 갖고 대비해야 한다.

필자는 지진 재해가 발생한 직후부터 피해 지역을 방문하여 많은 피해자들이 흘리는 눈물을 직접 목격했다. 또 가는 곳곳마다 피해자들에게 이런 말을 전해 들었다.

"이런 일은 우리가 겪은 걸로 충분해요. 여러분은 제대로 대비하세요."

우리는 그들의 충고를 확실히 새겨들어야 한다. 2004년, 일본의 지진조사연구추진본부는 30년 안에 수도 직하형을 포함해서 미나미칸토 지역에 지진이 일어날 확률이 70퍼센트 정도라고 발표했으나, 도쿄대학교의 지진연구소 연구팀이 2012년에 발표한 데이터에 따르면 규모 7 수준의 수도 직하형 지진이 4년 이내에 발생할 확률이 50퍼센트에서 70퍼센트에 이른다고 했다.

중앙방재회의의 조사에 따르면 도쿄만 북부를 진원으로 규모 7.3의 지진이 일어날 경우, 건물 붕괴 및 소실이 약 85만 채에 이르며, 최대 약 11,000명의 사망자가 나올 것이라고 가정했다. 그런데 대부분의 사람들은 아직도 자신이 안전한 장소에 있다고 확신한다. 정말로 안전한지, 그 믿음이 확실한지 지금이야말로 다시 점검해야 한다. 대지진은 아무 준비 없이 안전을 지킬 수 있는 쉬운 상대가 아니다.

지진 피해를 최소한으로 줄이려면 스스로 대비하는 자세와 실천이 필요하다. '자신이 먹을 음식은 직접 확보하자.' '자신의 배설물은 직접 처리하자.' '간단한 응급 처치 방법을 배워놓자.' 이런 사항을 일일이 실행에 옮겨서 확실히 준비해놓으면 대지진으로부터 안전을 지킬 수 있다.

이 책에서는 아이 엄마이기도 한 필자가 직접 실천하고 있는 여러 가지 '대비 방법'을 소개한다. 지진 대책이라고 하면 자칫 대피소 생활을 전제로 한 대책(예를 들면 비상 소지품 가방)을 생각하기 쉬운데, 오랫동안 방재 대책에 힘써오면서 자택을 '지진에 강한 집'으로 만드는 것이 가장 중요하다는 것을 깨달았다.

지진에 쓰러지지 않는 튼튼한 집이 있으면 대피소에서 불편하게 생활하지 않아도 된다. 지진 비상 용품을 비축해놓으면 생활 유지에 필요한 전기나 수도, 통신 시설 등이 끊기더라도 살아남을 수 있다. 이런 생각에 필자는 2008년, 정든 동네를 떠나 새 집을 마련했다. 종종 친척이나 친구들이 "왜 고향을 떠나면서까지 이사를 했어?"라고 묻는다. 내 대답은 딱 하나다. "아이와 가족을 지키기 위해서."

이 책에서는 필자가 실천하고 있는 지진 대책을 비롯하여 내진 보강 공사 시의 지방세 감면 제도나 지진 보험 가입에 관한 전문가의 조언 등 구체적인 방법을 50가지로 정리해봤다. 방재에 대처하는 방법은 각 가정의 삶, 사고방식, 가치관에 따라 다를 것이다. 어느 정도까지 대비하고 돈을 들일 것인지는 가족끼리 대화를 나누며 곰곰이 생각해보자.

가족과 함께 재해를 극복하고 안전을 지키기 위한 여러분의 노력에 이 책이 조금이라도 도움이 될 수 있기를 바란다.

구니자키 노부에

차례

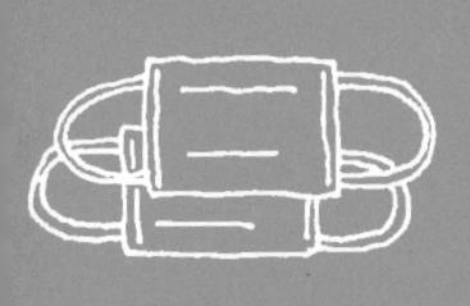

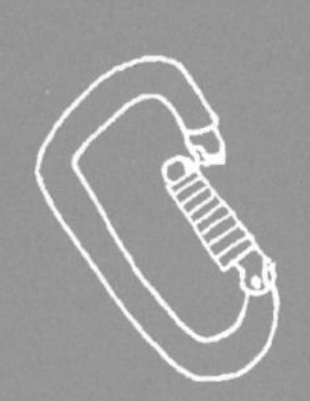

Chapter 1

우리 집을 안전한 공간으로 만드는 방법

당장이라도 시작할 수 있는 내진 대책과 내진화 공사와 관련한 정보를 다룬다. 대피하지 않고 계속 살 수 있는 공간 만들기를 목표로 한다. 아이의 안전을 위해 아이의 동선과 시선을 중심으로 다시 한번 집을 점검해보자.

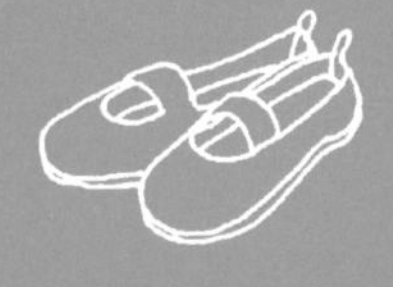

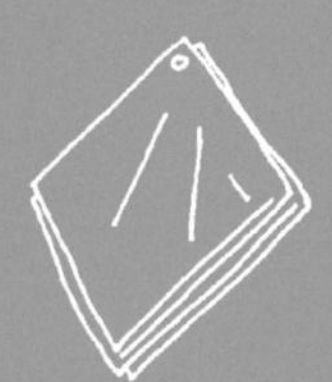

1

대형 가구, 가전제품을 단단히 고정한다

도쿄이과대학교의 조사에 따르면 동일본 대지진으로 간토 지방에 있는 24층 이상의 초고층 아파트 고층부 중 70퍼센트가 넘는 집에서 옷장이나 냉장고, 식기 수납장이 쓰러지거나 이동했다고 한다.

전자레인지는 초등학교 저학년 아이의 머리 높이 정도에 올려놓는 경우가 많은데, 미끄러져서 머리를 직격하면 목숨을 잃을 수도 있다.

그래서 필자는 전자레인지나 토스터는 낮은 위치에 올려놓고, TV, 냉장고, 컴퓨터, 책장 등과 같이 큰 가구는 전부 고정했다. 되도록 가구를 줄이려고 늘 신경을 써서 우리 집에는 옷장이 없다.

일본에서는 동일본 대지진을 계기로 진도 8에 대응할 수 있는 상품도 시중에서 많이 판매되고 있다. 한국에서도 온라인으로 쉽게 구입할 수 있다. 그중에서 가구나 벽, 바닥 등의 소재와 배치에 맞는 상품을 찾자.

단독주택뿐만 아니라 아파트 고층부에서는 '고정이 필수'다. 전도 방지 기구를 사용해서 집 안에 있는 가구를 단단히 고정하는 것부터 시작한다. 집을 안전한 장소로 만들자.

가구를 고정하는 용품

체인으로 고정한다

철물을 가구와 벽 양쪽에 나사로 고정한 뒤, 체인이나 벨트 등으로 연결하는 방법. 그림과 달리 가구 뒷면과 벽을 연결해 체인을 숨길 수도 있다.

ㄱ자 꺾쇠로 고정한다

ㄱ자 꺾쇠와 나사를 사용해서 가구와 벽을 직접 고정하는 방법. 임대 주택이라서 벽에 구멍을 뚫을 수 없는 경우라면 전문가와 상담해보자.

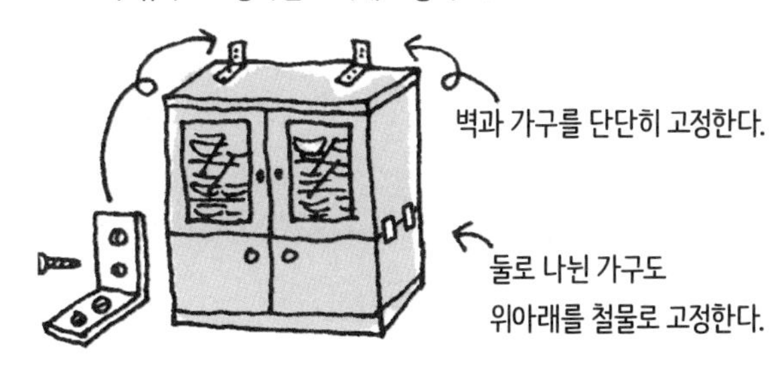

지진 대비 천장가구 지지대로 고정한다

지지대 2개를 가구와 천장 사이에 대어 고정하는 방법. 비어 있는 곳에 수납 선반을 설치하는 유형도 있다.

벽 고정 장치를 이용한다

강력한 접착력을 사용해서 가구가 쓰러지거나 이동하는 것을 방지하는 방법. 붙이기만 하면 되므로 가구나 벽에 흠집이 생길 염려도 없고 설치하기도 쉽다. 벨트형, T자형 등 여러 가지 상품이 있다. 초강력 양면테이프를 써도 된다.

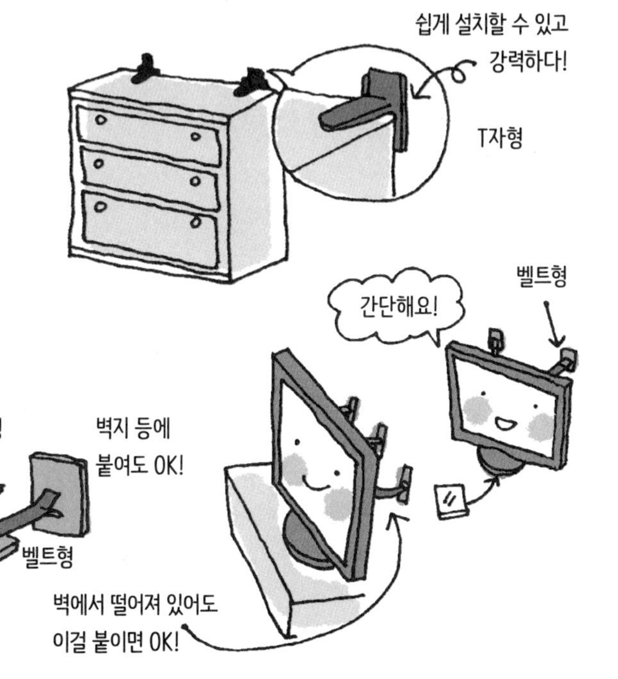

2

모든 문에 잠금장치를 반드시 설치한다

➜ 책장이나 서랍에서 수납물이 튀어나오지 않게 하는 아이디어도 중요하다. '고작 그릇이나 책뿐인데 별일이야 있겠어?'라고 얕보면 안 된다. 동일본 대지진을 포함하여 과거에 일어난 지진 재해 때도 책장에서 떨어진 책에 맞아 사망한 사람이 있었다.

수납물이 튀어나오는 것은 흉기가 튀어나오는 것이나 다름없다. 물건이 밖으로 튀어나오지 않도록 완벽하게 대책을 마련해야 비로소 안전한 집이라고 할 수 있다. 따라서 식기 수납장뿐만 아니라 냉장고, 옷장, 신발장 등 집 안에 있는 모든 수납장에는 고리나 잠금장치를 설치하자.

그렇게 하더라도 잠금장치가 견뎌내지 못할 정도로 과도한 무게가 가해지거나, 진동을 감지하지 못하는 경우가 절대로 없다고 장담할 수는 없다. 그래서 필자는 식기 같은 수납물이 미끄러지지 않도록 모든 수납장에 미끄럼 방지 시트를 깔았다. 미끄럼 방지 시트는 저가 생활용품 매장에서도 구입할 수 있다. 또한 벽걸이 수납장처럼 높은 장소에 설치하는 수납장에는 무거운 물건을 넣지 않도록 주의하자.

여러 가지 내진 잠금장치

1. 문을 닫기만 해도 잠기는 유형

푸시형

딸깍 하는 소리가 날 때까지 문을 닫으면 문이 단단히 잠겨서 아무리 흔들려도 문이 열리지 않는다. 문 안쪽에 설치하므로 문 모양과 상관없이 사용할 수 있다.

잠금장치가 작동해서 흔들려도 문이 열리지 않는다!

문을 열 때는 한 번만 밀어준다.

슬라이드형

양쪽 문에 설치한 걸쇠(래치)의 손잡이를 옆으로 밀어서 문을 열고 닫는다.

2. 흔들리면 잠기는 유형

나사 고정형

상판 안쪽과 여닫이문에 나사를 사용해서 내진 잠금장치를 설치한다. 진동이 감지되면 순식간에 문이 잠겨서 수납물이 튀어나오는 것을 방지한다. 진동이 가라앉으면 자동으로 잠금이 해제되는 유용한 장치다.

잠금바 고정형

진동이 감지되면 잠금바가 자동으로 내려와서 여닫이문이 잠긴다. 상판의 두께에 따라 잠금바의 폭을 조절할 수 있다.

어린이 안전 용품도 활용하자

어린이 안전 용품도 내진 잠금장치로 활용할 수 있다. 약간의 시간과 수고를 들여야 문을 열 수 있지만 지진 피해 방지에 효과적이다.

3

균형을 고려해서 가구를 배치한다

➔ 2007년 3월 25일 발생한 노토 반도 지진은 주택 전파 686채, 반파 1,740채, 일부 파손 26,958채의 피해를 입혔다.

당시 피해가 커진 원인 중 하나로 건물의 무게 균형이 지목되었다. 이 지역에 있던 전통 가옥들이 지붕의 무게를 견디지 못해서 무너졌던 것이다.

또한 비틀려서 쓰러진 건물도 눈에 띄었다. 일반적으로 건물에는 건물 자체의 무게와 사람 및 가구 등의 무게가 작용해서 외부의 힘이 수직 방향으로 발생한다. 그런데 지진이 일어나면 힘이 수평 방향으로 발생하기 때문에 이를 견뎌내기 위한 벽(내력벽)을 설치한다. 하지만 이 내력벽의 배치 균형이 안 맞으면 비틀림이 생긴다. 필요하면 일찌감치 내진 진단과 내진 보강 공사를 하자.

한편 가구를 한쪽으로 치우쳐 배치해도 건물의 균형이 나빠진다. 특히 냉장고나 피아노, 책장 등 무거운 물건을 한 방향에 집중시키면 건물이 비틀린다. 그러니 가구는 집 전체를 고려해서 무게가 분산되도록 배치하자.

가구를 배치할 때는 이런 점에 주의하자

● **집의 좌우로 무게가 치우치지 않도록 한다.**

● **무거운 물건은 2층보다 1층에 놓는다.**

● 대피로, 출입구 부근에는 높은 가구나 책장을 놓지 않는다.

● 침실에도 높은 가구나 책장을 놓지 않는다.

● 무거운 가전제품은 가장 낮은 곳에 둔다.

가구의 무게를 알아두자!

업라이트 피아노

약 250kg

그랜드 피아노

약 300kg

LCD TV

무게가 있는 경우 약 23kg

세탁기

7리터 약 36kg

침대형 셸터

약 200kg

브라운관형 TV

32인치 약 70kg

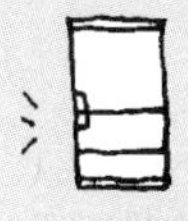

냉장고

500리터 약 90kg

책장

A4 크기의 카탈로그를 빼곡하게 채우면 가로 1미터당 약 70kg. 깊이 30㎝, 4단짜리 책장일 경우 약 280kg!

4

물건은 최대한 줄인다

➔ 2017년 11월에 발생한 포항 지진에서 보듯 한국도 이제 안전지대는 아니다. 아직 예측에 불과하지만, 한반도에 규모 6.5 이상의 대형 지진이 일어날 가능성도 완전히 배제할 수 없다. 더욱 우려가 되는 것은 내진 설계가 적용된 건물의 비율이 낮다는 것이다. 서울은 27퍼센트, 부산은 25.6퍼센트에 불과하다.(2016년 기준)

그렇다면 개인이 지금 당장 할 수 있는 대비책에 무엇이 있을까. 요즘 사회 전반에 유행하고 있는 '미니멀리즘'을 권하고 싶다. 지진 방재라는 측면에서도 이 라이프 스타일은 매우 효과적이다. 집 안의 물건을 줄이는 만큼 흉기 또한 줄어들기 때문이다.

만일의 사태를 대비해 일상생활에서 최소한의 물건으로 살아가는 미니멀리즘을 추구해보자. 집 안에 유리 제품이나 도기 등 깨지기 쉬운 물건이 없는지 한번 둘러보자. 위험한 물건은 되도록 배제하고 불필요한 물건도 없앤다. 방에 꼭 두고 싶을 경우에는 단단히 고정해놓자.

안전한 공간을 확보하는 방법 6가지

1. 아이 방의 가구는 최대한 줄인다

어린아이나 노인은 재빨리 움직이지 못한다. 특히 높은 가구는 다른 방에 한데 모아놓도록 하자.

정리도 방재의 첫걸음

자전거 짐받이 고무줄을 사용하면 책을 넣고 빼기도 편하며 흔들렸을 때 밖으로 튀어나오지도 않는다.

* 공부하는 책상 위에도 물건을 올려놓지 않는다.

2. 문 부근에는 물건을 놓지 않는다

진동으로 물건이 쓰러지거나 다른 곳으로 이동하면 문이 안 열리는 경우도 있다. 문 주위에는 물건이 아무것도 없어야 바람직하다.

3. 복도나 계단에는 물건을 놓지 않는다

복도나 계단은 대피할 때 방해되지 않게 늘 정리해놓자. 특히 어둠 속에서는 큰 사고로 이어질 수 있다.

4. 화기 옆에는 가구를 놓지 않는다

주방의 가스레인지 근처에는 식기 수납장 같은 가구를 놓지 않는 편이 좋다. 식기 수납장이 가스레인지 위로 쓰러지거나 그릇이 사방으로 흩어지면 위험하다.

5. 가구 위에는 유리 제품을 올려놓지 않는다

유리 제품이 떨어지면 파편이 튀어서 다칠 위험이 늘어난다. 액자가 흉기로 변하는 경우도 있다.

6. TV는 침대에서 떨어진 곳에 설치한다

슬림형 TV의 받침대에만 고정 장치를 설치해놓으면 진동으로 스탠드가 부러져서 모니터가 튀어나올 수도 있다. 그러니 벨트를 사용해서 모니터를 벽에 고정하자.

5

유리 파편을 방지하려면?

➔ 파손된 유리가 바닥으로 흩어지는 범위는 낙하 거리의 2분의 1이다. 이를테면 높이 10미터의 위치에 있는 유리가 떨어질 경우, 지상에서는 5미터 범위로 파편이 날아간다고 할 수 있다.

2005년 진도 6약(일본 진도 기준)을 기록한 후쿠오카현 서쪽 앞바다 지진 때는 후쿠오카시의 중심가에 있는 10층짜리 빌딩의 유리창 약 930장 중 360장 정도가 바닥으로 떨어져서 유리 파편이 인도로 흩어졌다. 이 모습이 신문과 TV에서 대대적으로 보도되어 대부분의 일본인들이 유리 파편의 위험성을 확실히 알게 됐다. 참고로 2016년 경주 지진이 발생했을 때도, 경주시 충효동에 있는 아파트 일부에서 유리창이 깨지는 사고가 있었다.

지진에 대비하려면 집 창문에 방범 유리를 써야 한다. 이중유리 사이에 필름이 들어 있어서 유리 비산 방지 시트와 똑같은 역할을 한다. 자외선 방지 필름이나 단열 필름, 투명 접착테이프 등을 사용해도 상관없다. 유리 파편이 튀지 않도록 조치해놓기만 하면 된다. 직접 붙이기 어려우면 비용이 조금 들더라도 시공 기술업자에게 맡기는 방법도 있다. 커튼을 닫아놓으면 유리 파편이 튀는 것을 한 번 더 막을 수 있다. 낮에도 항상 레이스 커튼만은 쳐놓도록 하자.

유리 비산 방지 시트를 붙인다

전체에 붙인다

창문이나 유리문에 붙이기만 해도 유리가 깨졌을 때 파편이 튀는 것을 방지한다. 크기도 다양하다. 시트 가격은 롤 하나(폭 1m, 길이 50m)가 약 1,000원이다.(2017년 8월 기준)

다섯 군데에 붙인다

부채꼴 모양의 투명 시트를 다섯 군데에 나눠 붙이기만 해도 창유리 전체의 강도가 1.4배로 늘어나서 유리가 깨지지 않아 파편이 튀는 것을 방지한다. 유리가 깨져도 파편이 넓은 범위로 튀는 것을 방지하고, 유리가 창틀에서 쉽게 떨어지지 않게 하는 효과도 있다. 가격이 저렴하고 설치도 쉽다. 불투명하거나 표면이 울퉁불퉁한 유리에 붙일 수 있는 것도 있다.

레이스 커튼을 친다

얇은 레이스 커튼과 두꺼운 커튼을 함께 설치한다. 낮에도 레이스 커튼을 치면 안심할 수 있다.

직접 조명을 설치한다

유리로 된 조명 갓은 진동으로 떨어질 수 있으니 기본적으로 직접 조명을 설치한다.

머리맡에는 신발을 상비하자

만일 유리가 깨져서 사방으로 흩어진 경우, 맨발로 파편을 밟아서 다칠 수 있으므로 머리맡에 신발을 항상 준비해놓는다. 신발은 안에 유리 파편이 들어가지 않도록 주머니에 넣어놓자.

6

어둠 속에서도 당황하지 않으려면?

동일본 대지진이 발생한 직후, 도호쿠 지방에서 약 466만 세대, 간토 지방에서도 약 405만 세대의 전기가 순식간에 끊겼다. 이 지진이 그나마 낮에 발생하여 다행이었지, 야간에 대지진이 발생했다면 훨씬 더 혼란스러웠을 것이다. 그러니 어둠 속에서도 침착하고 신속하게 대응할 수 있도록 평소에 정전 대책을 완벽하게 마련해놓자.

필자는 정전됐을 때를 가정해서 모든 방의 벽면 아래쪽에 있는 콘센트에 충전식 조명을 설치했다. 정전되면 조명이 자동으로 켜지고, 콘센트에서 뽑으면 손전등으로 사용할 수도 있다.

또한 2층에서 대피할 때를 대비해서 넘어지지 않도록 계단 양쪽 난간에 LED 조명을 설치했다. 정전 시 조명이 자동으로 켜지므로 언제든지 안전하게 대피할 수 있다. 높이에 차이를 줘서 오른쪽에는 성인용, 왼쪽에는 아동용을 설치했다.

정전 대책에 유용한 상품

센서 라이트

어두워지면 광센서가 이를 감지해서 조명이 자동으로 켜진다.

야광 테이프

태양광이나 형광등 등의 빛을 에너지로 흡수하여 어둠 속에서 밝게 빛나는 테이프다. 스티커 모양으로 되어 있으니 종이를 벗겨서 붙이기만 하면 된다. 계단 전용 제품도 출시되었으므로 붙이기만 하면 어둠 속에서도 안심하고 계단을 오르내릴 수 있다.

터치 라이트

조명 부분을 손으로 가볍게 터치하기만 하면 불이 켜진다. 밝기는 약하지만 어둠 속에서 위력을 발휘한다. 생활용품 매장에서 판매하는 저가 제품부터 LED형의 고가 제품까지 종류가 다양하다.

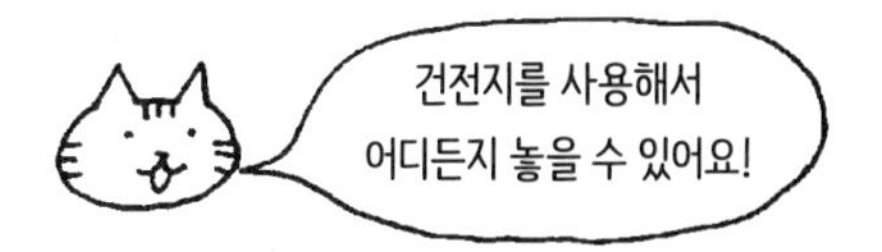

여러 곳에 설치하면 안심할 수 있다. ♬

화장실에도 설치하자.

LED형 랜턴은 매우 밝으므로 추천한다!

랜턴

랜턴은 양초보다 안전해서 상비해야 하는 조명이다. 아웃도어 매장에서 다양한 종류를 판매하고 있다.

7

대피로를 여러 군데 확보한다

우리 집에서는 집 안 어디에 있어도 즉시 대피할 수 있도록 모든 방에 두 군데 이상의 대피로를 마련했다. 이를테면 2층에 있는 방은 각각 회랑 모양의 복도로 연결되어 있으며, 옆방과도 오갈 수 있다. 또한 아래층에서 화재가 일어날 경우에는 외부 계단을 이용해서 대피할 수 있다. 출입구나 대피로가 하나밖에 없으면 집 안에 갇힐 위험이 높아진다. 앞으로 집을 지을 계획이 있는 사람은 어느 방이든지 두 방향으로 대피할 수 있도록 방 배치를 검토해보기 바란다.

아파트일 경우에는 소방법에 따라 현관과 발코니의 대피 사다리나 완강기 등을 이용해서 두 방향으로 대피할 수 있다. 지진이 발생했을 때, 방 안에 갇히지 않기 위한 아이디어와 복도나 비상계단이 파손됐을 경우에 지상으로 나가는 대피 방법과 경로를 생각해놓자.

비상시 아파트에서는 대피 사다리를 이용해서 밑으로 내려가는데, 자신의 집에 대피 사다리가 없을 수도 있다. 그래서 만일의 경우를 대비해 자신의 집과 옆집의 발코니 사이에 있는 칸막이벽을 발로 차 부숴서 양쪽 집으로 이동하는 것을 전제로 설계되어 있다.

발코니는 아파트 주민이 공유하는 공간이다. 그러니 칸막이벽이나 비상구 부근에 물건을 놓는 것은 목숨을 부지할 수 있는 대피 경로를 끊어버리는 것이나 마찬가지다.

앞서 말했듯이 칸막이벽을 발로 차 부순 후, 같은 층에 있는 다른 집의 발코니로 이동하여 그 집 현관으로 대피하는 방법도 고려할 수 있다. 방재 계획서에서 대피 경로를 확인하고 자택이 대피 경로인 경우에는 대피할 때 창문이나 현관문을 닫더라도 잠그지 않도록 주의하자.

어느 방이든지 두 방향으로 대피할 수 있게 한다

우리 집에서는 거실을 한가운데에 두고, 침실을 그 주위에 배치해서 어느 방에나 출입구가 두 군데씩 있다.

발코니로 대피할 경우

현관문이 열리지 않거나 통로가 막혀서 현관으로 나올 수 없을 때는 발코니로 대피한다.

1. 칸막이벽을 발로 차 부순다.

2. 대피 사다리가 있는 장소까지 이동한다.

3. 대피 사다리를 이용해서 밑으로 내려온다.

대피 사다리로 안전하게 대피하는 방법

대피 사다리를 이용해서 대피하는 것은 예상보다 훨씬 무섭다. 성인도 다리가 얼어붙을 정도이므로 로프를 구명줄 삼아서 내려오는 방법을 추천한다.

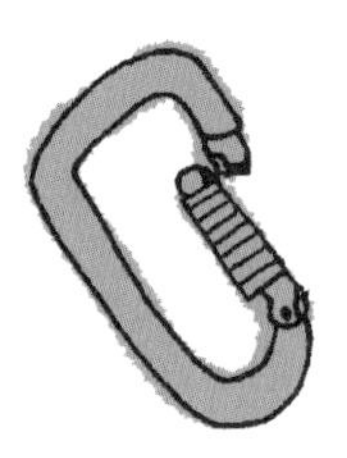

1. 카라비너(등산용 쇠고리)를 준비한다.

2. 로프를 카라비너에 묶는다.

3. 자신의 벨트에 카라비너를 장착한다.

4. 대피 사다리의 가장 위쪽에 로프를 묶는다.

5. 대피 사다리에서 다 내려오면 카라비너를 벨트에서 분리한다.

8

지진이 일어나도 열 수 있는 현관문을 설치한다

"현관문이 안 열려요!"

동일본 대지진 때 특히 진동이 심했던 지역이나 액상화 현상이 발생한 지역에서 이런 말을 하는 사람들이 많았다.

집합 주택에서 사용하는 철문은 일반적으로 진도 5 정도일 경우 문이 약 10밀리미터 틀어져서 문을 열려면 100킬로그램이 넘는 힘이 필요하다고 한다. 또 진도 6 정도일 경우에는 200킬로그램 이상의 힘이 필요해서 더는 사람의 힘으로 열 수 없다.

한국은 1988년 이래 차례로 내진 설계 기준이 강화되었고, 2017년 2월부터는 연면적 500m^2 · 2층 이상인 건물에 내진 설계가 의무적으로 적용된다. 그러나 내진화가 적용되지 않은 건물이 대다수이고, 1988년 이후에 건축된 건물이라고 해도 내진화가 제대로 적용되지 않았을 가능성도 있다. 자신이 살고 있는 집이나 건물의 내진화를 다시 한번 검토해야 한다.

아파트의 현관문이 열리지 않을 때는 발코니를 통해 대피 사다리로 내려오는데, 고층부일수록 위험이 따른다.

결국 안전하게 대피하려면 현관문을 내진화하는 방법이 가장 좋다. 간단한 설치 공사로 현관문을 내진화하는 방법도 있으므로 임대 주택에 거주하는 사람도 집주인과 상의해서 문을 내진화하도록 하자.

문을 내진화하는 용품

틈새를 만드는 타입

저마찰 소재로 특수 가공한 플레이트를 설치해놓으면 지진으로 문이 틀어져도 문을 열 수 있다.

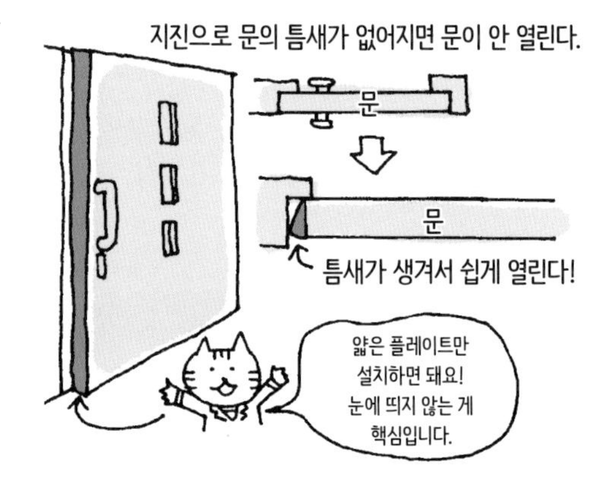

지렛대 원리로 문을 여는 타입

위아래 두 군데의 문틀(실내 쪽)에 설치하는 문 전용 장치. 지렛대 원리를 이용해서 아주 작은 힘으로 문을 열 수 있다. 나사를 조이기만 하면 설치된다.

개폐 보조 장치를 설치한다

금속제 롤러가 들어 있는 박스를 문 안쪽의 상부에 설치하면 문에 변형이 생겨도 적은 힘으로 문을 열고 닫을 수 있다. 구조가 단순해서 문의 외관도 해치지 않는다.

내진 도어로 리뉴얼

고베 대지진 때는 '문이 안 열린다.' '억지로 열었더니 닫히지 않는다.'라는 사례가 많이 발생했다. 그 일을 계기로 일본에서는 내진 도어 프레임이 개발되었다. 일본은 신축 아파트에 설치하는 대부분의 현관문이 내진 도어로 바뀌었는데, 단독주택에 거주하는 사람도 내진 도어로 리뉴얼할 수 있다.

9

화재에 강한 집 만들기

➔ 동일본 대지진으로 발생한 화재 피해는 일본 전역에서 324건에 달하며, 진도가 큰 지역일수록 화재 발생 비율이 높다는 사실을 알 수 있다.

일본에서는 2011년 6월에 주택용 화재경보기 설치가 전국적으로 의무화되었지만, 현실적으로 경보만 울려봤자 화재를 방지할 수 없다. 예를 들어 가족 중에 거동이 불편한 환자나 지체장애인, 지적장애인이 있는 경우, 경보가 울려도 재빨리 행동하기 어려울 것이고, 아이가 혼자 있는 경우에도 불을 끌 수 없을 것이다. 또한 대지진이 일어난 직후에 자택에서 화재가 발생하여 화재경보기가 작동했다고 해도 소방차가 즉시 올 수 없다고 생각하는 편이 맞다. 그러므로 미리 '화재에 강한 집을 만들어놓는 것'이 매우 중요하다.

필자는 가구나 커튼이 불에 잘 타지 않도록 방염 처리를 하거나 화재가 일어날 경우를 대비해서 소화용품을 준비해놓았다. 또한 열이나 연기에 반응하여 소화액이 자동으로 분사되는 '주택용 소화 장치'(소공간 자동 소화 장치)도 설치했다. 휴대형이라서 대규모 설치 공사 및 배관 공사도 필요 없다. 그렇지만 고가품이므로 일단은 주방에 한 대만 설치했다. 나중에 추가로 설치할 수 있기 때문에 언젠가는 모든 방에 완비할 것이다.

가구와 커튼에 방염 처리

가구와 커튼은 난연성이나 방염성이 있는 제품을 고르도록 하자. 현재 사용하는 제품에 방염성 스프레이를 뿌리거나 세탁소에 방염 처리를 부탁하는 방법도 있다.

소화용품을 마련해놓는다

튀김용 냄비에서 불이 나면 가까이 가기도 쉽지 않다. 가정용 소화기 외에 투척용 소화기를 주방에 상비해놓으면 타오르는 불길에도 대처할 수 있다.

주택용 소화 장치를 설치한다

화재 발견부터 초기 진화까지 사람의 손을 거치지 않고 전자동으로 작동하므로 부재중일 때 화재가 발생해도 대처할 수 있다. 천장 매립형과 천장 걸이형이 있는데, 둘 다 배관 공사가 필요 없다.

10

집을 대피소로 만든다

동일본 대지진과 마찬가지로 진도 7을 기록한 고베 대지진 때는 건물 639,686채가 피해를 입었다. 이때 가옥이 쓰러져서 압사한 사람이 희생자의 80퍼센트를 차지했다.

가족의 목숨을 지키려면 가옥의 내진 보강이 시급하다. 하지만 쉽사리 시작하지 못하겠다는 사람은 최소한 집이 쓰러져도 살아남을 수 있을 정도로 튼튼한 대피 공간을 집 안에 확보하자. 그것이 바로 셸터(shelter)다.

일본에는 시중에서 판매하는 내진 셸터가 있다. 종류도 다양해서 침대형, 탁자형, 벽장형 등 쉽게 설치할 수 있는 제품부터 시공이 필요한 제품까지 있다. 가격이 비싸기는 하지만 도쿄도나 시즈오카현 등을 비롯한 여러 지방자치단체에서 보조금도 지원한다.

모든 방을 셸터로 만든다

1층에 있는 방 하나를 전부 셸터로 만든다!

우와!

2층이 무너져도 셸터는 안전하다!

강철 셸터

1층 방 내부에 강철 패널을 조립하는 유형이다. 2층짜리 목조주택이 쓰러져도 셸터 안의 공간은 보호된다. 공사 기간은 7~10일 정도다.

목제 셸터

공장에서 제작한 목제 패널을 설치하고 싶은 장소에서 조립하여 내진 셸터를 만든다. 1층에 있는 약 2평 이상의 방이면 충분히 조립할 수 있다. 공사 기간은 이틀 정도 걸린다.

철골 셸터

자택의 일부에 철골을 끼워 넣어서 안전한 공간을 확보한다. 이 철골이 거대한 중심 기둥 역할을 해서 인접한 방이나 집 전체의 강도가 올라간다. 공사 기간은 2주 정도 걸린다.

침대를 셸터로 만든다

나무로 된 들보와 기둥을 특수한 철물로 침대에 고정하거나 아치 모양의 강철 프레임을 상부에 설치하면 지진으로 주택이 무너져도 안전한 공간을 확보할 수 있다. 싱글, 더블 등 크기도 다양하다. 내하중은 약 10톤이다.

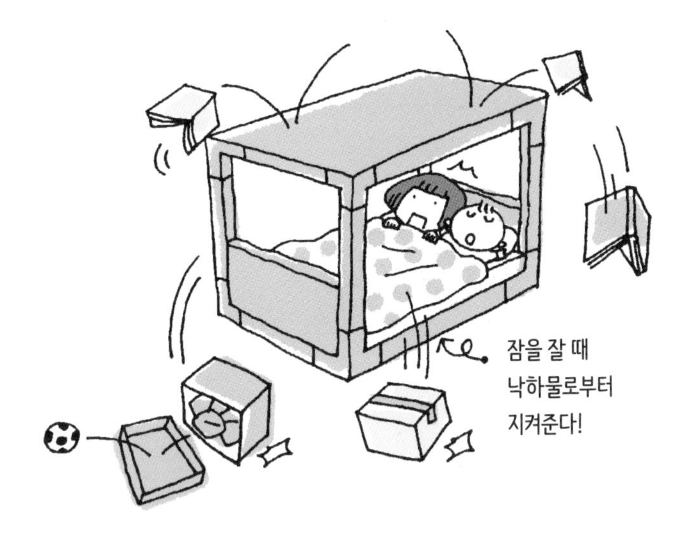

벽장을 셸터로 만든다

쇠파이프, 펀칭 메탈 프레임을 벽장에 끼워 넣으면 30톤의 힘이 가해져도 견딜 수 있는 공간으로 변신한다. 물건을 넣지 말고 공간을 비워놓는 것을 잊으면 안 된다.

탁자를 셸터로 만든다

탁자는 보통 1.6톤 정도의 힘이 가해지면 부서지는데, 다리를 5개로 만들기만 해도 탁자 밑이 내진 셸터가 된다. 다리 하나를 추가하거나 다리 5개짜리 탁자형 셸터를 구입하는 방법이 있다.

11

지금 살고 있는 단독주택을 내진화한다

➜ 지진이 잦은 일본의 경우, 2010년 3월 기준으로 전국 주택의 내진화 비율이 약 79퍼센트에 이른다. 내진화된 건물의 비율이 한국의 경우 약 7퍼센트에 불과하니, 한국과 비교하면 높은 편이긴 하다. 그럼에도 일본에 내진성이 부족한 주택이 약 1,050만 세대에 이르고, 이는 오래전부터 상당한 위험으로 작용해왔다. 실제로 1995년에 일어난 고베 대지진 때는 약 20만 채가 넘는 주택이 부서져 많은 사망자를 냈는데, 당시 지진 사망자의 80퍼센트 이상이 주택 붕괴로 사망한 것이다.

이런 이유로 일본에서는 주택을 대상으로 한 내진화 사업을 꾸준히 전개하고 있다. 일본의 많은 지방자치단체에서 내진화 공사에 보조금을 주거나 세금 감면 혜택을 제공한다. 한국도 내진 보강을 하는 민간 건축물에 대해 지방세 감면을 확대하고, 지진 피해를 입은 주민에게 지방세 납부 기한을 연장해주는 지원 대책을 시행 중이다.

내진 보강 공사를 실시하기까지의 진행 과정(일본의 경우)

1. 내진화와 관련한 정보를 수집한다

살고 있는 지방자치단체의 내진화 추진 창구에서 담당자와 상담하여 정보를 모은다.

2. 보조금 제도를 확인한다

내진 진단 보조금, 내진 보강 공사 보조금 등을 확인한다.

3. 내진 진단을 받는다

지방자치단체의 내진화 추진 창구에서 내진 진단을 해주는 건축사무소를 소개해주거나 무료로 내진 진단을 해주는 경우도 있다. 건물 형태, 건축 연수, 설계도의 유무 등에 따라 금액 차이가 있다.

4. 내진 보강 설계를 실시한다

내진 진단으로 집이 무너질 가능성이 있다고 판단한 경우에는 무너지지 않도록 어디를 어떤 식으로 보강할 것인지 검토한다.

5. 내진 보강 공사를 실시한다

다양한 내진 보강 공사 방법

자료 : (재)도쿄도 도시정비국에서 발행한 《누구든지 할 수 있는 우리 집의 내진 진단》

기초를 보강한다

- 호박돌 위에 세운 기둥은 철근 콘크리트조의 줄기초로서 앵커 볼트를 사용하여 토대와 일체화한다.
- 기초의 저반 폭이 좁거나 기초에 철근이 들어 있지 않은 경우에는 기초를 늘려서 기존의 콘크리트조 줄기초를 보강한다.

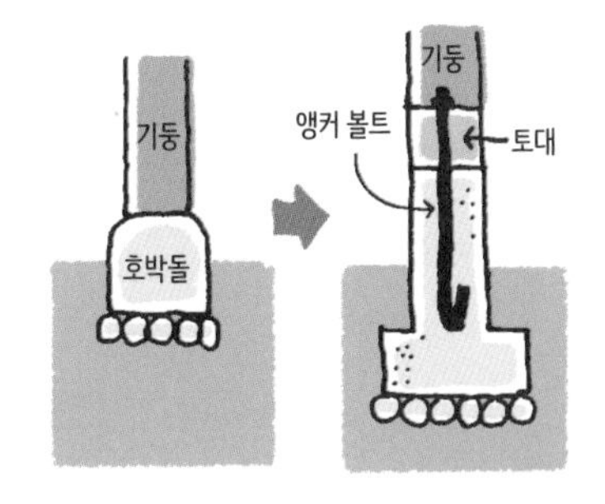

접합 부분을 보강한다

- 기둥이나 토대를 앵커 볼트 등으로 연결한다.
- 기둥이나 들보를 주걱 볼트로 고정한다.

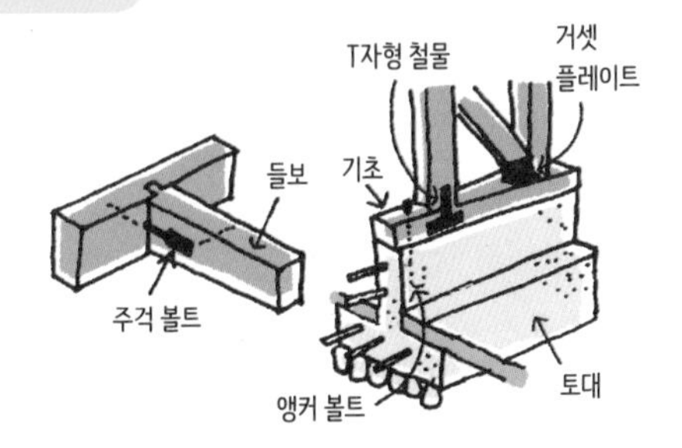

벽을 튼튼하게 한다

- 가새를 넣거나 구조용 합판을 깔아서 벽을 튼튼하게 한다.
- 개구부(유리문 등)를 줄인다.
- 모서리 부분에는 개구부를 배제하고 벽을 만든다.

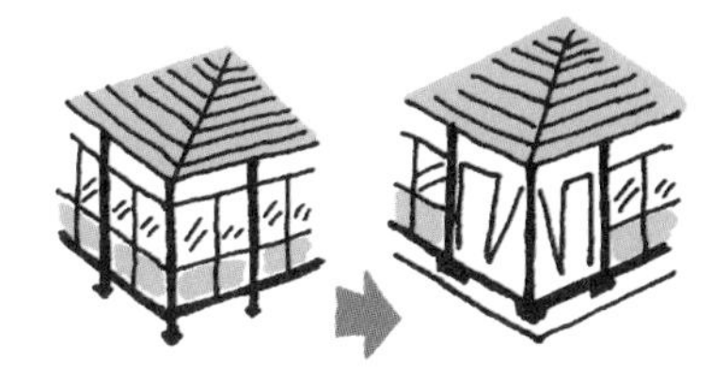

지붕을 가볍게 만든다

- 지붕을 가볍게 하면 건물에 작용하는 지진의 힘이 감소하므로 대지진이 일어나도 잘 무너지지 않는다.

12

지금 살고 있는 아파트의 내진 진단을 한다

한국의 국토교통부 자료에 따르면 내진 설계를 해야 하는 건물 중 67퍼센트가 내진 설계를 하지 않았다고 한다.(2016년 기준) 한국은 아직까지 지진이 위험하다고 생각하지 못하는 사람들이 많고 사회 인식도 낮은 탓이다. 그런데 지진 위험에 많이 노출되어 있는 일본도 내진 진단을 받지 않은 아파트가 75.3퍼센트에 달한다고 한다. 그 이유를 묻는 질문에 건물이 '이미 내진 기준에 적합하기 때문'이라고 답한 경우가 53.6퍼센트를 차지했다. 하지만 많은 지진 전문가들이 앞으로 동일본 대지진과 같은 대지진이 또 닥칠 것으로 예상되므로 다시 한번 내진성을 확보해놓는 것이 매우 중요하다고 말한다. 한국도 지진 위험이 있다고 예상되는 지역이라면 내진 진단을 실시하는 게 좋을 것이다.

아파트의 경우, 단독주택과 달리 내진화를 추진하려면 시간이 든다. 아파트 소유자 전원의 서면 동의와 입주자 대표회의의 결의, 승인도 필요하므로 최대한 빨리 시작하는 것이 좋다. 임대 아파트에 거주하는 사람의 경우에는 직접 행동할 수 없다. 아파트의 안전성에 불안을 느끼면 일단 집주인이나 관리회사와 상담해보자.

내진 진단을 실시하기까지의 진행 과정

1. 정보를 수집한다

내진 진단 내용과 비용을 관리회사 및 아파트 관리자, 지방자치단체의 담당자 등과 상담해서 정보를 모은다.

2. 입주자 대표회의에서 내진 진단을 검토한다

3. 전문가에게 견적을 의뢰한다

진행이 결정되면 전문가에게 비용 견적을 의뢰한다.

4. 지방자치단체의 지원 제도를 확인한다

내진 진단 보조금, 내진 보강 공사 시 세금 감면 등을 확인한다.

5. 입주자 대표회의를 위해 자료를 작성한다

내진화가 필요한 이유, 내진 진단 내용, 비용 견적 등을 정리한다.

6. 입주자 대표회의에서 결의한다

7. 내진 진단을 실시한다

13

땅을 새로 구입해서 내진 주택을 짓는다

➔ 집을 짓고 싶은 사람은 지진에 강한 지반을 골라야 한다. '대피하지 않아도 되는 집'을 만들고 싶은 경우 지반은 매우 중요한 요소로 작용한다. 필자도 집을 지었을 때 '땅'을 고르는 일에 가장 힘을 쏟았다. '지반을 구입했다'고 하는 편이 좋을 듯하다.

먼저 지방자치단체에서 만든 긴급 대피 경로도를 보며 내수 침수, 쓰나미, 토사 재해 등의 재해 위험이 적은 장소를 찾자. 또한 옛날부터 '지명의 한자에 삼수변이 붙는 곳에서는 살지 마라.'라는 말이 있듯이 옛날 지명에도 힌트가 숨어 있다. 땅에 대한 정보를 정확히 알려면 그 지역에서 오래전부터 부동산업자로 일한 사람을 찾아가는 방법이 가장 좋다.

조성지에는 지반을 깎아서 만드는 '절토'(땅깎기)와 지반 위에 흙을 쌓아서 만드는 '성토'가 있다. 일반적으로 '성토'는 지반이 약하고 내진성이 불안정한 경우가 많아서 '절토'를 선택하는 편이 좋다.

무심결에 '잘 모르니까 그냥 맡기자.'라고 생각하기 쉬운데, 지진에 강한 집을 만들고 싶다면 반드시 설계사와 함께 몇 번씩 대화를 주고받아야 한다.

필자도 집을 지을 때는 모르는 것투성이였지만, 인터넷과 책 등으로 건축 지식을 얻어서 '이 부분을 튼튼하게 하고 싶다.' '이런 방법은 불가능한가?'라는 식으로 모든 요구사항을 설계사에게 직접 전달했다. 실제로 집을 짓는 사람은 설계사이기 때문에 실현 가능한지 불가능한지를 솔직하게 대답해줬고, 또 어떻게 하면 가능한지도 고려해줬다. 의문을 느끼거나 망설여질 경우에는 설계사와 솔직하게 상담하는 것이 좋다.

'대피하지 않아도 되는 집, 방재 하우스' 완성하기

1. **지반이 튼튼한 장소를 조사해서 지역을 대충 결정한다**

2. **지역 부동산을 찾아가서 지반이 튼튼한 장소를 물어본다**

옛날 항공사진을 보여달라고 하면 좋다.

3. **부동산 개발업자에게 절토, 성토를 표시한 지도를 얻는다**

4. **지방자치단체에서 만든 긴급 대피 경로도를 확인한다**

내수 침수, 쓰나미, 토사 재해가 발생할 우려가 적은 곳을 찾는다.

5. **가계약**

6. **지반 조사**

7. **착공**

8. **전문가와 상담하며 건축한다**

9. **완성**

긴급 대피 경로도를 얻으려면?

지방자치단체의 읍면동사무소에서 얻는다

긴급 대피 경로도를 만들어놓은 지방자치단체에서는 지도를 인쇄해서 배포한다.

지방자치단체의 홈페이지에서 얻는다

각 지방자치단체가 운영하는 홈페이지에서 긴급 대피 경로도를 확인할 수 있다. 재해 시의 대피 장소나 대피 경로를 표시한 방재 지도를 만든 곳도 있다. 예를 들어 서울안전누리(http://safecity.seoul.go.kr) 사이트에서 각종 재해 관련 정보를 얻을 수 있다.

행정안전부의 웹사이트에서 얻는다

생활안전지도(http://www.safemap.go.kr) 사이트에서 교통, 치안, 자연재해 등을 포함한 여러 안전 정보를 지도와 함께 제공한다. 이곳에서 산사태, 산불, 홍수 범람 위험도 등을 체크하자.

행정안전부가 운영하는 생활안전지도 사이트

생활안전지도 사이트는 안전과 관련한 여러 정보를 제공하는데 홍수, 산사태, 산불, 건물 붕괴, 지진 발생 위치 등도 확인할 수 있다. 각 재해의 발생 위치를 지도 위에 표시해 제공한다. 아래는 서울을 포함한 전국에서 발생한 지진 현황이다.

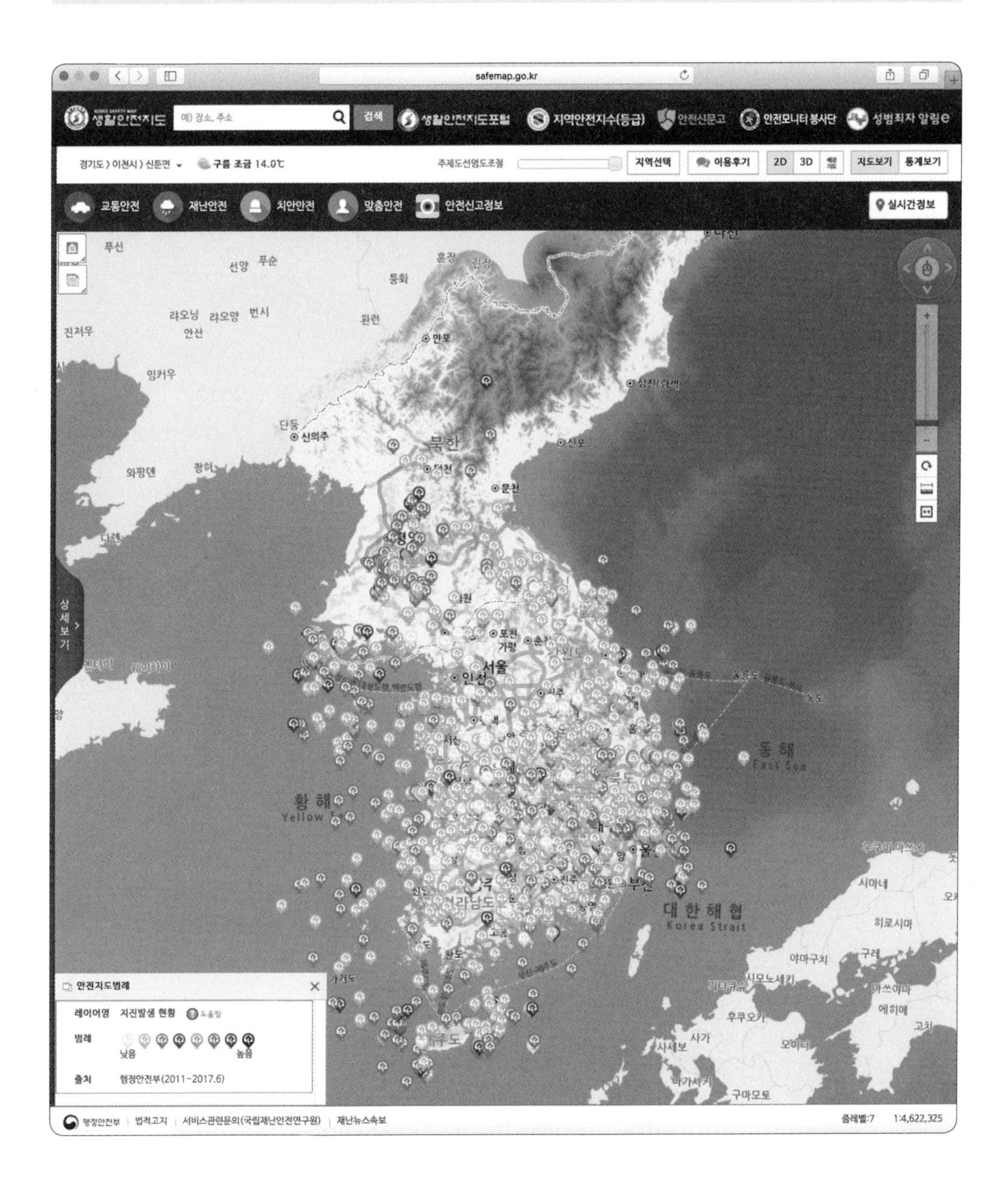

14

내진 진단을 받는다

➡ 내진화를 검토할 경우에는 가장 먼저 내진 진단을 받는다. 믿을 수 있는 업자나 전문가에게 일을 맡겨야 한다. 일본은 지방자치단체와 여러 협의체에서 무료 진단을 실시하거나 여러 상담을 진행한다. 한국은 지난 2016년 경주 지진을 계기로 지방자치단체가 민간 건축물의 내진 보강과 내진 설계 공사비를 보조하는 법안을 추진한 바 있다.

내진 설계와 진단을 전문으로 하는 건설 관련 업체와 전문가(건축구조기술사)가 있으니 내진 진단 및 내진 보강 공사를 할 때 그들과 상담하는 게 좋다.

정보는 이곳에서 얻는다

- 한국건축구조기술사회
- 한국지진공학회
- 한국소방시설협회
- 한국목조건축협회
- 국민재난안전포털 홈페이지

내진 진단의 종류

자가 진단

다음 페이지의 '내진 진단 문진표'에서 자가 진단을 해보면 좀 더 전문적인 진단을 받을 때 참고할 수 있다.

일반 진단

직접 눈으로 보거나 설계 도면을 통해서 주요 부위만 평가하여 내진 보강 공사가 필요한지 판단한다. 비용은 저렴하지만 내진 성능이 낮게 나오는 경향이 있다.

정밀 진단

마감재를 떼어내거나 구멍을 뚫어서 주요 부위와 세부를 조사한다. 내진 보강 공사의 필요성을 최종적으로 판단하거나 보강 후의 내진 성능을 평가한다. 비용은 비싸지만 내진 성능을 정확하게 알 수 있다.

내진 진단 문진표

자료 : (재)일본건축방재협회가 발행한 《누구든지 할 수 있는 우리 집 내진 진단》

1. 언제쯤 지은 건물입니까?

평점

1988년 이후에 지었다.	1
1988년 이전에 지었다.	0
잘 모른다.	0

※ 한국에서 내진 설계 의무 규정이 처음으로 적용된 해가 1988년이다.

2. 지금까지 큰 재해에 휩쓸린 적이 있습니까?

큰 재해에 휩쓸린 적이 없다.	1
마루 밑 침수, 마루 위 침수, 화재, 차량 돌진 사고, 대지진, 절벽 위 인접 지역의 붕괴 등으로 피해를 입었다.	0
잘 모른다.	0

3. 건축에 관해서

증축하지 않았다. 또는 건축 확인 등 필요한 절차를 밟아서 증축했다.	1
필요한 절차를 생략해서 증축했고, 또는 증축을 두 번 이상 반복했다. 증축 시 벽이나 기둥을 일부 철거했다.	0
잘 모른다.	0

4. 건물의 평면은 어떤 모양입니까? (1층 형태에 주목)

굳이 말하자면 직사각형에 가까운 평면이다.	1
굳이 말하자면 L자, T자 등 복잡한 평면이다.	0
잘 모른다.	0

5. 파손 정도나 보수, 보강에 관해서

평점

손상된 부분이 없다. 또는 손상된 부분은 그때마다 보수했다. 양호하다고 생각한다.	1
노후됐다. 부식되거나 흰개미 피해 등이 발생했다.	0
잘 모른다.	0

6. 커다란 공간이 있습니까?

한 변이 4미터 이상인 공간이 없다.	1
한 변이 4미터 이상인 공간이 있다.	0
잘 모른다.	0

7. 1층과 2층의 벽면이 이어져 있습니까?

2층 외벽 바로 밑에 1층 내벽이나 외벽이 있다. 또는 단층집이다.	1
2층 외벽 바로 밑에 1층 내벽이나 외벽이 없다.	0
잘 모른다.	0

8. 벽은 균형 있게 배치되어 있습니까?

1층 외벽의 사방 어디에나 벽이 있다.	1
1층 외벽 중에 벽이 전혀 없는 면이 있다.	0
잘 모른다.	0

9. 지붕재와 벽의 양은?

지붕재가 비교적 무겁지만 1층에 벽이 많다. 또는 슬레이트, 철판, 동판 등 지붕재가 비교적 가볍다.	1
지붕재가 비교적 무겁고, 1층에 벽이 적다.	0
잘 모른다.	0

10. 어떤 기초를 사용했습니까?

철근 콘크리트 줄기초 또는 매트 기초, 말뚝 기초	1
기타 기초	0
잘 모른다.	0

평점

판정 문진 1~10의 평점을 합산합니다

평점 합계	판정, 앞으로의 대책
10점	일단 안심할 수 있지만, 만일을 대비해서 전문가에게 진단을 받읍시다.
8~9점	전문가에게 진단을 받읍시다.
7점 이하	염려되니 빨리 전문가에게 진단을 받읍시다.

평점 합계

도서실 책장이 쓰러지다니

나는 센다이시에 있는 고등학교에 재직 중인 교사다. 학교 도서실에서 작업하고 있던 중 지진이 났는데, 갑자기 건물이 심하게 흔들리더니 높이 2미터짜리 책장이 연이어 쓰러졌다. 책이 사방팔방으로 떨어지고 있어 나는 도저히 서 있을 수 없었다. 책상 밑으로 기어들어가 시계를 보면서 진동이 가라앉기를 기다렸다. 하지만, 1분이 지나도 격한 진동이 전혀 가라앉지 않았다. '엄청 규모가 큰 지진이 일어났구나!'라고 생각했다.

나는 교내에 남아 있던 학생들의 안전을 확인한 뒤, 지진 피해로 집에 돌아가지 못한 십여 명의 학생과 다섯 명의 선생님과 함께 학교에서 밤을 보냈다. 아내와 아이에게 연락하려고 해도 휴대전화가 터지지 않았다. 재해용 음성사서함 서비스를 이용하려고 했지만 정작 위기 상황이 닥치니 잘되지 않았다. 왜 평소에 미리 연습해두지 않았을까 후회했다. 다행히 가족은 본가로 대피해서 무사히 만날 수 있었다. 평상시에 대책을 마련해놓아야 한다는 것을 다시 한번 절실히 느꼈다.

– 미야기현 센다이시, 40세 교사

버스가 트램펄린을 타듯 공중으로 튀어 올랐다

일 때문에 오후나토시에 있는 쇼핑센터를 방문했을 때 지진을 겪었다. 도저히 서 있을 수 있는 상태가 아니었다. 무서워서 그 자리에 웅크리고 앉았는데, 빠지직하는 소리가 들리더니 매장 안이 어두컴컴해졌다. 갑자기 정전이 된 것이다. 정전에 이어 진동으로 진열된 상품이 선반에서 우르르 떨어져서 통로를 막았고, 밖을 보니 버스가 트램펄린을 타듯이 공중으로 붕붕 튀어 올랐다가 바닥으로 곤두박질쳤다. 전봇대가 크게 휘어졌고 도로는 기울어져 보였다. 땅속이 움직이는지 어디서 괴물이 밀려오는지 흉내 내기도 힘든 소리도 들렸다.

쓰나미 경보가 울리고 사방에서 소방대원들이 "높은 곳으로 올라가세요!"라고 지시를 내렸지만 나는 빨리 집으로 돌아가야 한다는 생각에 실내 주차장으로 갔다. 주차장도 심각한 상황이었다. 천장이 군데군데 무너져 내리고 조명기구도

위태롭게 흔들리고 있었다. 출구는 밖으로 나가려는 차량으로 이미 꽉 막혀 있었고, 구급차와 자위대 차량이 엄청난 기세로 달리고 있었다. 그 모습을 보고 나는 극심한 공포를 느꼈다.

– 이와테현 하나마키시, 31세 자영업자

책상을 불태워서 몸을 녹였다

딸이 다니는 중학교로 많은 사람이 대피했다. 많을 때는 천 명이 넘었다. 이곳에서 지내며 가장 힘들었던 점은 추위였다. 저체온증으로 목숨을 잃는 사람까지 나왔다. 간신히 도망친 사람 중에는 신발조차 없는 사람이 많았는데, 급한 마음에 실내화를 신고 집으로 돌아간 학생들이 남긴 외출용 신발과 운동화로 그나마 맨발을 피할 수 있었다. 학교에 임시로 대피한 상태라 학교 집기를 조심히 다루는 것이 맞지만 위급한 상황이라 앞뒤 생각할 겨를이 없었다. 교실 창문에 있던 커튼도 모두 뜯겨나갔다. 그렇게라도 해야 살아남을 수 있었다. 추위가 너무 심한 나머지 교실에 있는 책상을 불태워서 몸을 녹이자는 사람들도 많았다. 행정 직원들은 화재가 발생할 우려가 있으니 허락할 수 없다며 반대했지만, 학교장의 허락을 얻어 결국 책상을 불태웠다. 덕분에 많은 사람들이 따뜻하게 지낼 수 있었지만 위험할 수도 있었다. 그 정도로 필사적인 상황이었다.

– 이와테현 리쿠젠타카타시, 32세 주부

기저귀만 들고 대피했다!

나는 리쿠젠타카타시에 살고 있는 주부로, 한 살짜리 아이와 어린이집에 다니는 아이, 초등학교 1학년인 아이가 있다. 지진이 일어났을 때 나는 막내아들과 함께 집에 있었다. 같이 있지 않은 아이들이 걱정이었다. 나는 초등학교로 남편은 어린이집으로 가서 아이들을 데리고 고지대에 있는 큰아버지 댁에서 만나기로 하였다. 놀랐을 아이들을 생각하니 머릿속이 하얘졌다. 당황한 나는 아무 생각도 나지 않았다. 집에서 나온 뒤 내 손에는 막내의 기저귀 몇 장이 들려 있을 뿐이었다. 귀금속이나 통장, 하물며 지갑도 가져오지 않았다. 집이 전부 쓸려가는 바람에 모든 걸 잃고 난 지금 생각해보면 한참이나 어이없는 일이다. 왜 기저귀만 들고 나왔을까? 아이에게 기저귀가 없으면 당장 곤란하다는 생각만 한 모양이다. 아니, 그때는 금세 집으로 돌아갈 수 있다고 믿었던 모양이다. 지금은 우리의 소중한 재산은 잃었지만 온 가족이 함께 있는 것을 감사할 뿐이다.

– 이와테현 리쿠젠타카타시, 43세 주부

피하기만 했더라면 목숨은 건졌을 텐데…

남편이 다니는 직장은 5층짜리 빌딩에 있었다. 대부분의 사람들이 빌딩 옥상으로 대피한 덕분에 목숨을 건졌지만 불행히 사상자가 있었다. 어느 여직원이 세 살짜리 손주가 무사한지 보러 가야 한다며 빌딩을 나서다가 1층 탈의실에서 쓰나미에 휩쓸려 목숨을 잃고 말았다. 아는 분은 혼자서 생활하던 어머니가 걱정되어 집으로 모셨다가 지진을 겪는 바람에 결국 할머니와 딸, 손주가 함께 세상을 떠나게 되었다.

이시노마키에는 사망한 사람이 정말로 많다. 동일본 대지진 재해의 희생자 중 절반은 미야기현 사람이고, 또 미야기현의 희생자 중 절반은 이시노마키 사람이라는 말이 있을 정도다. 사망한 사람들은 대부분 쓰나미를 미처 피할 겨를이 없었기 때문이지만 그중에는 가족을 걱정하며 집으로 돌아왔다가 피해를 입은 사람도 많다. 이번 사건을 계기로 좀 매정한 결심을 해보게 된다. 쓰나미가 발생하면 일단 '혼자라도 고지대로 대피해야 한다'라고 말이다. 그래야 나중에라도 가족을 만날 수 있으니까.

– 미야기현 이시노마키시, 48세 주부

배에 신문지를 둘둘 감고 쿠키 2개로 하룻밤을 버텼다

지진이 일어난 날, 나는 전시회장에서 밤을 지냈다. 그곳에는 500명 정도 있었는데, 갑작스러운 사태에 놀라기도 했지만 견디기 힘들었던 것은 뭐니 뭐니 해도 추위였다. 조금이라도 추위를 막으려고 신문지를 배에 둘둘 감았다. 배고픔도 우리를 괴롭혔다. 나는 그나마 갖고 있던 쿠키 2개를 아껴 먹으며 하룻밤을 보냈다. 밖은 암흑 천지였고 바람도 강해서 정말로 세상이 끝나는 줄 알았다. 그래도 지역 소방대원들의 지시에 따라 맨 먼저 위층으로 대비해서 목숨을 건졌으니 천만다행이라고 생각한다.

바다 옆에서 살았기 때문에 어릴 때부터 '쓰나미가 밀어닥치면 무조건 고지대로 피하라'고 배웠다. 많은 것을 잃었지만 살아 있음을 감사한다. 이 땅에 살아 있으면 희망은 다시 생길 것이다. 열심히 일해서 다시 돈을 벌 수 있을 것이다. 앞으로는 어떤 고생을 겪더라도 '운명'으로 받아들이려고 한다.

– 미야기현 이시노마키시, 55세 자영업자

남편은 짐승들이 지나다니는 길을 걸어서 우리를 데리러 왔다

남편은 굴 잡이를 하는 어부다. 지진이 일어난 날에 바다에 나가지는 않았지만 바닷가에 있었다. 쓰나미가 몰려온 다음날, 남편은 산을 두 개나 넘어 딸들과 내가 있는 초등학교로 찾아왔다. 지금이야 쉽게 이야기하지만 모든 도로가 사라져 짐승들이 지나다니는 길을 세 시간이나 걸어서 온 것이다. 남편의 얼굴을 보는 순간 우리 가족은 서로 부둥켜안고 펑펑 울었다. 다시는 헤어지지 말자고 얼마나 외쳤던지. 피해가 컸지만 우리 가족은 그나마 다행이라고 생각하기로 했다. 지진이 일어난 후에 큰 걱정거리였던 물도 우리 집 우물이 있어서 다행이었다. 하루에 두 번씩 지역 사람들과 함께 하루 동안 사용할 물을 전동 펌프로 퍼 올려 썼다. 펌프 사용은 전기가 복구되기까지 며칠이 걸렸던 것으로 기억한다.

– 이와테현, 39세 주부

쓰나미로 모든 것이 사라졌다

집이 쓰나미에 휩쓸려서 남은 것이 하나도 없었다. 처참했다. 처음에는 대피소에 들어갔지만, 아이가 세 살과 다섯 살로 아직 어린 탓에 대피소에서 공동생활을 한다는 것이 여간 힘들지 않았다. 아이들이 밤에 울어대거나 응석을 부리고 떼쓰면 주위 사람들의 눈치가 보여 작은 일로도 아이들을 혼낼 수밖에 없었다. 영문 모르는 아이들을 혼내야 하는 마음은 겪어보지 않으면 모르는 고통 중 하나이다. 그러던 차에 임시 주택 신청이 시작되어 바로 신청했다.
현재 생활하고 있는 임시 주택은 방과 부엌이 각각 하나라서 5인 가족이 지내기에는 매우 협소하다. 물이 잘 나오지 않아 목욕을 날마다 하는 것은 꿈도 꿀 수 없고, 부엌에는 커다란 냉장고를 둘 수 없었다. 심지어 세탁기는 공동으로 사용해야 해서 스트레스를 받는다. 하지만 대피소보다는 훨씬 나아서 이마저도 감사할 따름이다. 가끔 딸들이 "그 장난감을 꼭 찾고 싶어요." "지금 가지러 가요."라고 할 때가 있다. 이제는 찾을 수 없다는 것을 알면서도 응석을 부린다고 생각하니 마음이 아프다. 쓰나미로 소중한 추억이 전부 사라지고 말았다.

– 이와테현 리쿠젠타카타시, 31세 주부

내진 용품을 사용한 TV만 멀쩡했다

나는 내진구조 설계가 된 15층 아파트의 12층에 살고 있다. 지진이 지나간 뒤에 집에 돌아오니 멀쩡한 것이 하나도 없어 보였다. 엘리베이터는 멈춰 있었고, 현관문을 열고 우리 집을 들여다보자 더욱 엉망이었다. 물건들이 전부 쓰러져 있었다. 옷장도 쓰러졌고, 수납장 속 유리와 식기들은 깨져 있었다. 식탁 아래까지도 유리 파편이 튀었다. 쓰러진 냉장고는 싱크대가 간신히 떠받치고 있었고, 옷장이 쓰러져 문이 안 열리는 방도 있었다. 그런데 그나마 멀쩡한 물건이 하나 있었다. '진도 7의 강진이 발생해도 쓰러지지 않는다'고 선전한 내진용 고무 밴드를 달아 놓은 TV였다. 그걸 보니 내진 용품이 정말로 효과가 있구나 싶었다. 네 살짜리 아이를 키우면서 지진으로 인한 처참한 피해 상황을 내 눈으로 직접 확인하고 나니 내진 대책을 가정에서도 잘 챙겨야겠다는 생각이 들었다.

– 미야기현 센다이시, 35세 주부

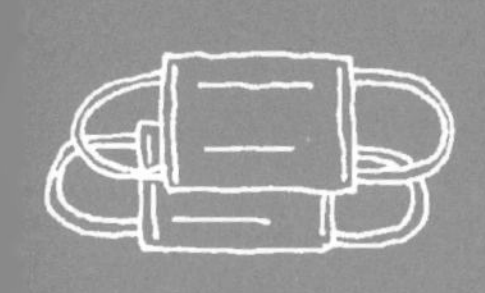

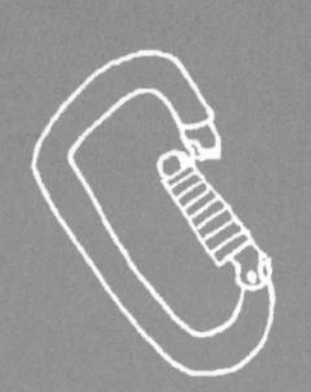
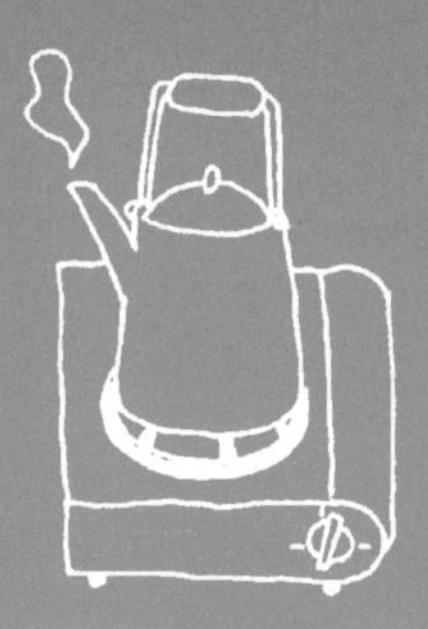

Chapter

2

지진에서 살아남기 위한 비축 방법

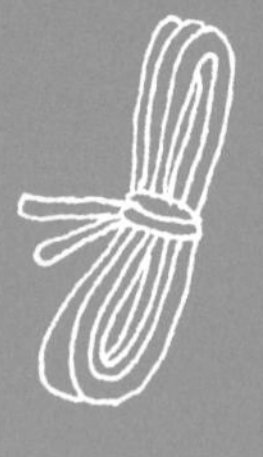

늘 쓰는 물건을 좀 넉넉하게 구입하여 날마다 사용하면서 보충하자. 이런 마음가짐으로 지진에 대비해서 비축해야 한다! 아이들이 좋아하는 물건도 준비해놓자.

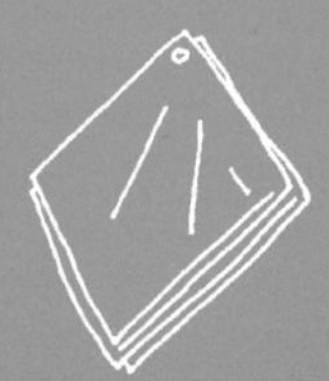

15

필요한 물품을 한데 모아놓는다

➔ 많은 사람들이 방재라고 하면 가장 먼저 '비상 소지품 가방'(생존 배낭)을 생각할 것이다. 하지만 대지진이 발생할 경우 비상 소지품 가방을 들고 나가기란 현실적으로 쉽지 않다. 필자는 지금까지 여러 대피소를 두루 방문해봤지만 비상 소지품 가방을 갖고 있는 사람을 만난 적이 없다. 동일본 대지진이 일어났을 때도 쓰나미가 덮친 지역에 살던 사람들은 잠시도 망설일 시간 없이 제 몸 하나만 겨우 대피시켰으며, 눈에 띈 물건을 근처에 있던 봉투나 가방에 대충 쑤셔 넣어서 들고 나온 사람도 많았다.

도쿄에서는 동일본 대지진이 일어나자 고층 빌딩에서 휴대전화 하나만 달랑 들고 밖으로 뛰어나온 사람이 많았다고 한다. 이렇듯 비상시에 귀중품이 들어 있던 가방도 버리고 나오는 형편인데 과연 무거운 비상 소지품 가방을 들고 나올 수나 있을지 의문이다.

그래도 대피한 곳에서 '그게 있었으면 좋았을 텐데.'라고 생각하는 물품이 수두룩하다. 그런 의미에서 태풍 등을 포함한 온갖 재해를 만났을 때 사용할 수 있는 물품을 한데 모아놓으면 좋다. 보관 장소는 대피 동선을 고려해서 결정하자. 현관으로 대피할 사람은 현관 근처에 놓고, 거실 창문을 통해 정원으로 대피할 사람은 거실에 놓는 편이 좋다.

가방을 고집하지 말고 상자를 사용해도 됩니다!
필요한 물품을 한데 모아놓는 느낌으로 준비하세요.

한데 모아놓은 물품

물티슈

손을 마음대로 씻지 못하는 상황에서 꼭 필요한 아이템이다. 비상용 물티슈의 경우에는 품질이 5년 동안 유지된다.

소독제

지진이 일어난 후에는 위생을 유지하기 어려워지므로 소독제를 반드시 준비해놓자. 탈취 효과도 있으면 좋다.

휴대용 화장실

배설물이 즉시 굳어서 사용 후에 타는 쓰레기로 처분할 수 있는 제품도 판매되고 있다. 티슈나 두루마리 휴지도 준비하자.

응급 처치 용품

부상도 가정해서 탈지면과 붕대, 소독약을 준비한다. 탈지면은 적은 양의 물로 얼룩을 닦아낼 때도 쓸 수 있다.

마스크

분진 대책뿐 아니라 바이러스 대책으로도 유용해서 반드시 준비해야 하는 필수품이다. 일회용 마스크를 넉넉하게 준비해놓자.

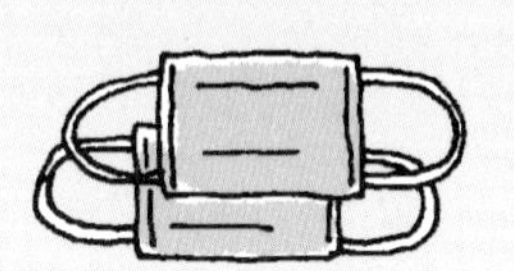

휴대전화 충전기

휴대전화의 전원이 꺼지면 연락할 수 없게 되므로 꼭 준비해야 하는 물품이다. 정전 시에도 쓸 수 있는 건전지식 충전기를 준비해놓자.

탈취 스프레이

휴대용 화장실이나 기저귀를 처리할 때 사용한다. 조금이라도 쾌적한 환경을 유지하기 위해 탈취 용품을 준비해놓자.

칫솔

사탕 크기 정도의 고체 치약을 입속에 넣고 칫솔 대신 혀를 이용해서 굴린다. 물이나 치약이 없어도 양치질을 할 수 있다.

면봉

대피소 생활을 경험한 사람에게 물어보면 '면봉이 여러모로 쓸모가 있어서 편리했다.'라고 대답하는 사람이 많았다. 조금 넉넉하게 준비해놓으면 편리하다.

생리용품

늘 쓰는 제품을 넉넉하게 상비해놓자. 예정일이 아닌데도 생리가 시작되는 경우가 있다. 탈지면도 생각보다 쓸 만하다.

갈아입을 옷

피해가 일어난 후에는 며칠씩 목욕을 못할 수도 있으니 온 가족의 옷을 몇 세트씩 준비한다. 계절에 맞춰서 바꿔 넣는 것도 잊지 말자.

수건

부피가 크지 않고 젖어도 금세 마르는 수건을 여러 장 준비한다. 얇은 수건이 있으면 짐을 줄일 수 있어서 좋다.

성인용 기저귀

화장실이 혼잡하거나 부족할 때 대처할 수 있도록 성인용 기저귀를 준비한다. 팬티형 기저귀가 좋다.

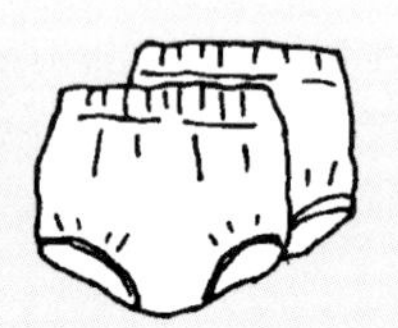

양초

양초는 안정감이 있는 병입 제품을 추천한다. 넉넉하게 준비해놓자. 라이터나 성냥도 잊지 말자.

비상식량

물이 없거나 가열하지 않아도 먹을 수 있는 식품을 최소한 2~3일치는 준비해놓는다. 무게가 가벼운 동결 건조 제품도 추천한다. 목숨을 부지하기 위한 물도 넉넉하게 준비하자.

식기

반복해 사용할 수 있는 가벼운 플라스틱 접시, 포크나 스푼 등을 준비한다. 접시는 랩을 깔아서 사용하면 설거지할 물을 절약할 수 있다.

급수 주머니

급수차에서 물을 받아 옮기거나 보관할 때 유용하다. 방재용품 매장이나 온라인 몰에서 접을 수 있고 지퍼가 달린 제품을 구입하자.

비닐 시트

큼직한 비닐 시트는 여러모로 편리하다. 야외나 체육관에서 휴식 및 짐 보관 공간을 만들 때 사용할 수 있고, 짐 덮개나 가리개 등으로도 쓸 수 있다.

다용도 칼

가위, 칼, 깡통따개 등 하나로 여러 가지 역할을 하는 아웃도어 필수품이다. 크기가 작아 휴대하기 편리하고 가방이나 벨트에 매달 수도 있다.

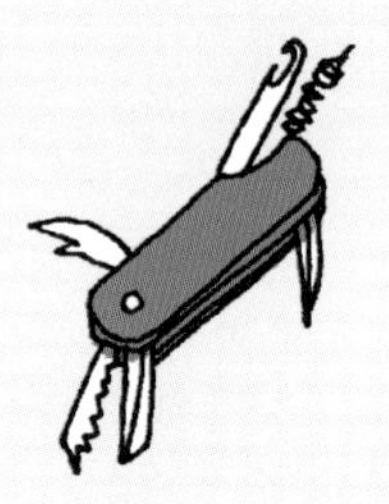

손전등

1인당 전등 하나씩 준비하자. 정기적으로 건전지를 확인하는 것을 잊지 말자. 양손을 쓸 수 있는 헤드라이트 형식의 전등도 추천한다.

로프

튼튼한 로프를 넉넉히 준비한다. 빨래 건조, 칸막이, 짐 정리 등 용도가 다양하다. 비상구를 통해 대피할 경우에는 구명줄 역할도 한다.

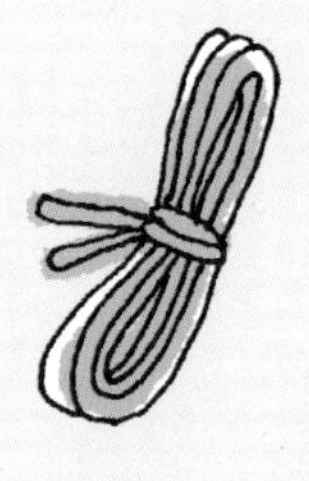

비닐봉지

비닐봉지는 쓰레기를 넣거나 뭔가를 보관할 때 사용하면 편리하다. 큼직한 봉지를 넉넉하게 준비하자.

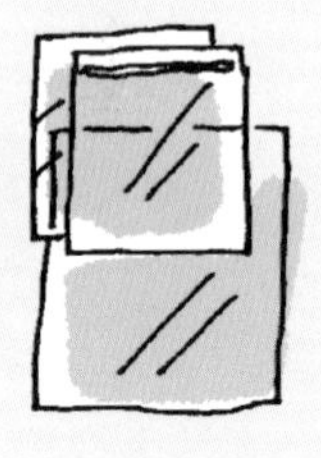

방재용 담요

얇고 보온·방수 효과도 있는 이상적인 방재용 담요다. 접으면 크기가 작아져서 여성용 가방이나 책가방에도 상비할 수 있다.

건전지

알칼리 전지처럼 오래가는 제품을 준비한다. 사용하는 건전지 크기가 똑같은 전자제품을 선택하면 한 종류의 건전지만 준비하면 되므로 편리하다.

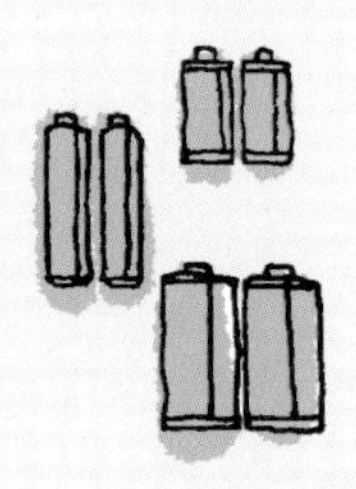

라디오

AM과 FM을 다 들을 수 있는 라디오가 좋다. 정전 시 정보 수집에 유용하므로 값이 비싸더라도 기능성이 뛰어난 제품을 선택하자.

손난로

일회용 손난로를 넉넉히 준비하자. 정전이 계속되면 추위로 몸이 상하기 쉬우니 주의해야 한다.

필기도구

게시판의 내용이나 정보를 베껴 쓰거나 기록해야 하는 상황에서 수첩과 펜이 큰 힘을 발휘한다. 매직은 유성으로 준비하자.

접착테이프

골판지 상자를 사용해서 뭔가를 급히 만들거나 종이를 붙일 때 등 다양한 상황에서 유용하게 쓰인다. 면 테이프가 가장 좋다.

식품 포장용 랩

식기에 깔거나 상처 부위에 감아서 방수용으로 활용하는 등 용도가 의외로 다양하다. 새 제품 하나를 준비해놓자.

가죽 장갑

사방으로 흩어진 유리 조각으로부터 손을 보호하기 위한 필수품이다. 대피할 때는 장갑 착용을 잊지 말자! 추위에도 효과적이다.

핸드크림, 립밤

손이나 입이 터서 힘들었다는 대피자도 많다. 기초 화장품 샘플도 준비해놓는다.

헬멧

위에서 떨어지거나 날아온 물건으로부터 머리를 보호하려면 모자보다 헬멧을 사용하는 것이 좋다. 외출할 때는 어른 아이 할 것 없이 누구나 반드시 헬멧을 착용하자.

16

대피 시에는 방재 조끼를 입는다

필자가 주관하는 위기관리교육연구소에서 상품화한 조끼가 있다. 일명 '구니자키 노부에의 방재 조끼'로, 비상시에 필요한 물품을 장비했다. 원래는 아이가 부모를 놓쳤을 때라도 최소한의 필수품으로 살아남기 바라는 마음을 담아서 내 아이를 위해 직접 만든 것이다. 카메라맨 조끼를 참고해서 일단 주머니를 많이 달았으며, 재해 시에 필요한 물품으로 주머니를 가득 채웠다.

발조차 내딛기가 힘든 피해 지역에서 아이에게 짐을 들고 걸어가게 하는 것은 위험하며, 그렇다고 어른이 아이의 몫까지 짐을 들기도 좀처럼 쉽지 않은 상황이다. 그럴 때는 방재 용품을 몸에 걸친 채 이동하면 안심할 수 있다. 대피 시에 아이의 마음을 조금이라도 달래기 위해서 좋아하는 장난감이나 과자도 넣었다.

무게는 아이의 성장에 맞춰서 조절한다. 손으로 들었을 때 조금 무겁게 느껴질 정도라도 괜찮다. 조끼라서 몸에 걸치면 손으로 들었을 때보다 무게가 덜 느껴진다. 또한 누비천으로 만들어 추운 계절에는 방한복으로도 활용할 수 있다. 지금은 온 가족이 자신만의 방재 조끼를 갖고 있다.

아웃도어 매장이나 낚시용품 매장에서 판매하는 '낚시용 조끼'를 대용해도 좋다. 바느질을 좋아하는 엄마라면 아이의 성격이나 선호품에 맞춰서 오리지널 방재 조끼 제작에 도전해보면 어떨까?

방재 조끼에 구비되어 있는 방재 용품

휴대용 안전 조명

한가운데를 분질러서 가볍게 흔들면 발광한다. 내수성이며 장시간 발광을 유지한다.

생존 호루라기

살짝 불기만 해도 날카로운 특수음이 나서 멀리까지 자신의 존재를 알릴 수 있다.

휴대용 화장실

용변의 수분을 재빨리 굳히는 고속 급수 응고 시트를 사용한다. 티슈도 함께 준비해놓자.

방재 물티슈

알코올이 들어간 물티슈. 물을 쓸 수 없을 때 위생 환경을 유지하기에 효과적이다.

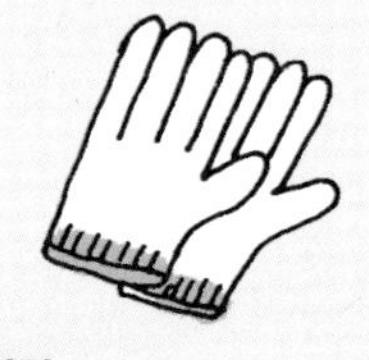

목장갑

목재나 유리 파편 등이 사방으로 흩어진 재해 현장에서 손을 보호해준다. 겨울철에는 방한 역할도 한다.

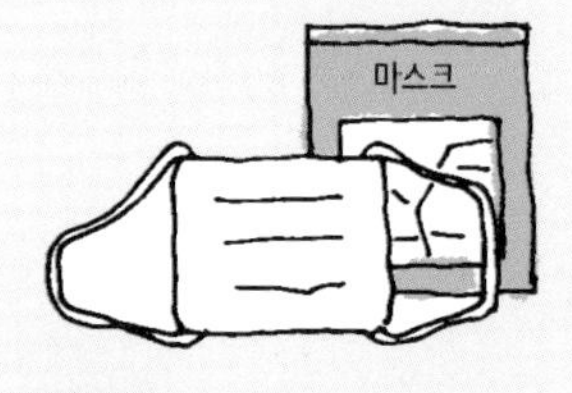

마스크

가옥이 무너지면 대량의 분진이 공기 중에 떠돌기 때문에 마스크는 꼭 준비한다.

지혈 패드

부직포 면을 상처에 대고 고정하기만 하면 즉시 지혈할 수 있다. 뒷면에 방수 가공이 되어 있어서 2차 감염도 막아준다.

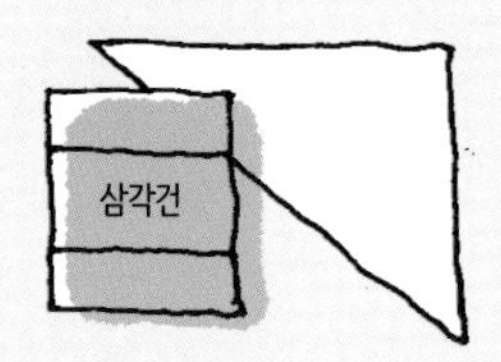

삼각건

상처를 감싸거나 환부를 고정하는 등 비상시 응급 처치에 유용하다. 평소에 올바른 사용 방법을 알아두자.

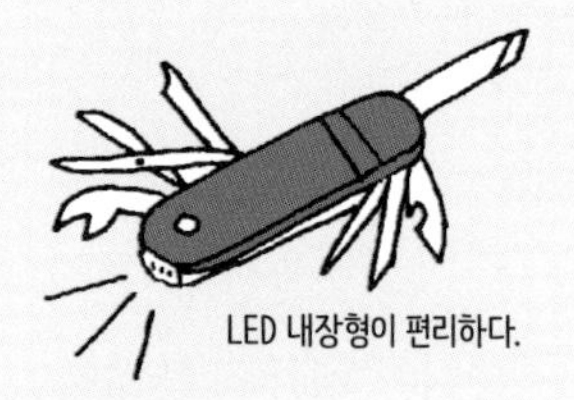

다용도 칼

칼이나 깡통따개, 드라이버 등 여러 가지 공구와 칼을 모아놓은 다용도 칼. 재해가 닥쳤을 때 다양한 상황에서 쓸모가 있다.

성인용 조끼에는 이런 물품을 더 추가하자

명함 크기의 라디오는 가볍고 얇아서 조끼 주머니에 쏙 들어간다.

포켓 라디오

재해가 발생했을 때 정보는 구명줄이나 다름없다. 라디오는 정전되더라도 정보를 얻을 수 있는 도구다. 건전지식 외에도 수동으로 충전할 수 있는 제품을 추천한다.

얇은데도 보온, 단열 효과가 있다.

방재용 담요

가볍고 얇은 특수 소재를 사용해서 보온, 단열 효과가 뛰어난 다목적 시트. 방한, 방서, 방풍 및 방수용으로 준비해놓으면 편리하다.

아동용 조끼에는 이런 물품을 더 추가하자

차갑지는 않지만 아이스크림 맛이 난다. ♬

우주식 동결 건조 아이스크림

우주식과 똑같은 제조법으로 만들어진 아이스크림. 입에서 살살 녹으며 적당히 달다.

3년 동안 보존할 수 있다.

비상용 깡통 사탕

원기 회복에 필요한 당분, 구연산, 비타민을 보충할 수 있는 사탕이다.

구급 반창고

재해 시에는 물을 마음대로 쓸 수 없는 경우도 많으므로 작은 상처가 곪지 않도록 구급 반창고를 준비해놓자.

일단 우비부터!

우비

작게 접어서 넣어놓으면 춥거나 비가 오는 날에도 안심할 수 있다.

양말과 속옷 1~2세트가 있으면 편리하다.

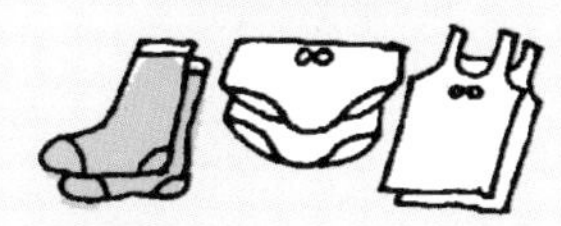

갈아입을 옷

목욕할 수 없어도 옷을 갈아입으면 위생에 좋고, 기분전환을 할 수 있다.

장난감

잠시라도 푹 빠져서 놀 수 있는 장난감을 준비하자. 충전해야 하는 게임기는 삼가도록 한다.

17

핸드백이나 책가방에도 방재 용품을 넣어놓는다

➡ 지진이 일어났을 때 반드시 자택에 있다고 할 수는 없다. 근무 중이나 장을 보러 간 사이, 또는 집에서 멀리 떨어진 여행지에서 재해를 입을 수도 있다.

필자는 외출할 때도 항상 방재 용품을 갖고 다니기로 했다. 날마다 들고 다니는 물건이므로 부피가 크거나 무거우면 좋지 않다. 비교적 작고 가벼운 방재 용품을 선택해서 가방 속에 넣었다.

물론 아들의 책가방에도 잘 챙겨 넣었다. 동일본 대지진은 많은 아이들이 학교에 있는 시간대에 발생했다. 그러니 부모와 자녀가 함께 상의해서 최소한의 방재 용품을 온 가족이 늘 소지하도록 하자.

방재 용품과 함께 긴급 연락 카드는 우리 가족이 늘 몸에 지니는 물품이다. 비상시에 지낼 장소를 알릴 뿐만 아니라 필요 사항이나 신원을 기입할 수 있어서 신분증명서로도 유용하게 쓸 수 있다. 생각하고 싶지 않지만 지진으로 한 번에 많은 인명 피해가 발생한 경우에는 개인 신원을 확인하기가 쉽지 않다. 각자 생존 카드를 지갑이나 책가방에 넣고 다니는 것이 좋다.

핸드백 속의 방재 용품

긴급 호루라기(ID 카드 포함)

등산할 때 유용한 조난 대책으로 고안된 물품이다. 호루라기 속에 신원 정보를 기입한 ID 카드를 넣을 수 있다. 고리가 달려 있어서 휴대전화나 키홀더, 펜던트 등에 연결할 수 있다.

삼각건

다쳤을 때 응급 처치용으로 쓸 수 있다. 평소에 사용법을 익혀놓자.

초콜릿, 사탕, 물

비상식량으로 조금이라도 휴대하도록 한다.

연기 후드

2차 재해인 화재로 유해 연기가 발생했을 때, 몸을 보호하는 아이템이다. 연기를 들이마시지 않는 것이 대피의 철칙이다.

필요한 연락처를
적어놓자!
- 가족의 전화번호
- 친척
- 지인
- 병원

긴급 연락 카드

연락처가 전부 '휴대전화 속의 전화번호부'에 있는 경우는 좋지 않다. 가족 외에도 다른 지역에 사는 친척이나 단골 병원 등의 연락처를 적어놓는다.

이런 물품도 넣어놓으면 안심할 수 있다!

우리 집 귀중품 목록 (⇨ 87쪽)

은행의 계좌번호나 연락처, 신용카드 번호와 분실 시의 연락처 등 생활 터전 재건에 필요한 중요 사항을 목록으로 만든다. 아이가 소지하면 불안하므로 어른만 휴대한다.

우리 집 방재 매뉴얼 (⇨ 156쪽)

비상시 연락처나 만남의 장소 등 온 가족이 함께 결정한 규칙을 종이 한 장으로 정리해놓자. 필자의 집에서도 늘 온 가족이 휴대한다.

18

집에서 한 달간 지낼 수 있는 분량의 비상 용품을 비축한다

➔ 필자는 '대피하지 않아도 되는 집'을 목표로 한다. 그러기 위해서는 가족 6명이 한 달 동안 지낼 수 있을 만큼의 비상 용품을 비축해야 한다.

우리 집에서는 늘 물 1톤을 준비해놓는다. 그렇다고 특대 사이즈 물통을 마련한 것이 아니라 급탕기 두 대를 준비해서 물을 가득 채워 넣고, 들어서 운반할 수 있는 물통에도 물을 넣어놨다. 쌀 60kg과 두루마리 휴지, 세제, 샴푸 등 일상생활에 필요한 소모품도 전부 한 달치를 준비했다. 양이 꽤 많지만 식료품은 전용 수납 창고에 넣고, 그 밖의 생활 용품은 분산해서 수납했다.

비축량의 기준

'물'은 필요량을 계산해서 넉넉하게 준비한다

사람이 생명을 유지하는 데 필요한 수분량은 나이와 몸무게에 따라 달라진다. 1kg당 50mL로 계산하면 몸무게 50kg인 성인은 50mL×50kg=2,500mL=2.5L/일이다.

체중 1kg당 필요 수분량

영아 120~150mL

유아 90~100mL

초등학생 60~80mL

성인 40~50mL

성인 2인+아이(영아와 초등학생) 2인으로 구성된 4인 가족일 경우

하루 8L, 30일 240L

'식료품'은 물과 냄비, 가스레인지가 있으면 먹을 수 있는 것을 준비한다

특별한 비상용 식료품이 아니라도 평소에 먹는 식품 중에서 보존식, 비상식량이 될 만한 것을 준비한다. 일상생활에서도 소비하면서 정기적으로 구입해 비축하는 방법이 좋다.

'조리 용품'은 휴대용 가스레인지, 부탄가스, 냄비가 있으면 안심할 수 있다

가스 공급이 끊겼을 때라도 휴대용 가스레인지가 있으면 안심이다. 정전될 가능성이 높으므로 IH 쿠킹 히터보다 훨씬 유용하다. 부탄가스도 넉넉히 준비해놓는다. 보온 효과가 높은 냄비를 준비하면 물이나 따뜻한 국 등을 끓일 때 좋다.

'생활 용품' '위생 용품'은 한 달치를 기준으로 구입해서 비축해놓는다

일단 두루마리 휴지는 다 떨어지면 불편한 데다 화장실에 가는 것도 점점 더 불안해진다. 온 가족이 하루에 얼마나 사용하는지 확인해서 비축량의 기준을 정한다. 물을 쓸 수 없으면 닦아내는 작업이 많아지므로 티슈나 물티슈도 필수품이다. 그 밖에도 생리 용품이나 기저귀 등 모든 소모품을 늘 한 달 분량만큼 비축해놓자.

정전에 대비해서 랜턴을 준비한다

전기 및 수도, 통신 등 생활 유지 시설의 복구가 늦어져서 정전이 계속될 수 있으므로 손전등만으로는 불안하다. 제자리에서 빛을 비추는 전등을 준비하자. 랜턴은 쓰러져도 화재가 발생할 염려가 없어서 사용하기 좋다.

19

2주 분량의 메뉴를 정해서 식료품을 비축한다

➔ 재해가 닥쳤을 때, 어떻게 식사를 할까? 보존식 건빵과 통조림, 대피소에서 배급되는 주먹밥 등을 떠올리는 사람이 많지 않을까? '지진이 일어났으니 어쩔 수 없다.' '비상시라서 배부른 소리를 할 수 없다.'라고 할지도 모르는데 절대 그렇지 않다. 재해가 일어났을 때야말로 힘이 나는 식사를 해야 한다. 필자는 재해가 일어나더라도 온 가족에게 '내일부터 힘내야지!'라고 생각할 수 있는 식탁을 차려주고 싶다.

재해가 일어난 후에도 집에서 지낼 수 있으면 휴대용 가스레인지를 사용해서 평소대로 요리할 수 있다. 필자는 비상식량을 평상시 식사의 연장이라고 생각한다. 그래서 늘 먹는 채소나 고기도 가능한 한 냉동 보관하고, 항상 2주 분량의 식재료를 비축해놓는다.

재해가 일어나면 채소나 달걀 등 상하기 쉬운 식재료와 냉장고 속의 조리하지 않아도 되는 식재료부터 먹기 시작한다. 냉동품은 냉장고로 옮겨놓으면 자연 해동하는 동안 보냉제로도 사용할 수 있다.

일단 2주 분량의 메뉴를 생각하는 것이 목표다. 우리 집에서 만든 메뉴를 참고해서 여러분도 식단을 마련해보기 바란다.

대피소에서는 많은 사람이 감기나 감염증 등에 걸려서 몸 상태가 나빠진다. 그중에는 변비가 심해서 식사를 못한다고 하는 사람도 있다. 비상시에는 비타민과 미네랄, 식이섬유가 부족하므로 채소 주스나 잼, 채소가 들어 있는 수프, 과일 통조림, 섬유질이 풍부한 젤리 등을 신경 써서 먹자.

우리 집에서는 재해용 간식으로 첨가물이 들어 있지 않은 감자칩도 준비했다. 음식에는 아이의 마음을 달래주는 힘이 있다. 비상시야말로 아이가 좋아하는 특별한 간식을 준비해 두어야 하는 때다.

노부에 씨가 집에 비축해놓은 식료품

우리 가족(어른 3명, 아이 3명)이 한 달 동안 먹을 수 있도록 다음과 같이 식료품을 보관하고 있다. 평상시에 식사를 준비할 때도 비축한 식료품을 사용하며, 사용한 분량은 늘 보충한다.

스파게티	약 3kg
파스타 소스	약 20봉지(1봉지 2인분)
쌀	약 60kg
떡	약 2kg
국수	약 1kg
국수용 맛간장	2병
매실장아찌	2봉지
상온 보관이 가능한 멸균우유	3팩
우동	약 20봉지
즉석 죽 달걀죽, 연어죽, 흰죽 등	약 12봉지
반찬 통조림 닭 꼬치, 꽁치, 오징어와 무 등	약 10캔
즉석식품 어묵, 비프스튜, 크림스튜, 중화덮밥, 소고기덮밥, 닭고기 달걀덮밥	20봉지(1봉지 2인분)
과일, 채소 통조림 귤, 복숭아, 파인애플, 화이트 아스파라거스, 베이비 콘, 양송이 등	약 20캔
채소 양상추, 토마토, 당근, 양파 등	적당량
식빵	2.4kg(8매입)
롤빵	2봉지(12개 정도)
머핀	12개
햄	약 2팩
소시지	약 2팩
치즈	약 2팩
잼	3병(3종류)
인스턴트 수프	50봉지
인스턴트 된장국	50봉지
팩으로 된 즉석 밥 소고기밥, 나물 찐 밥, 비빔밥 등	약 15개
중화면(건면) 컵라면은 물을 많이 사용해서 좋지 않다.	약 40봉지
페트병이나 캔 음료 100% 과일 주스, 채소 주스, 홍차, 녹차 등	48개
말린 식품 말린 매실, 다시마, 건과일, 조미김, 가다랑어포, 동결 건조 식품, 채소 맛가루 등	다수
달걀	약 20개

메뉴를 정할 때 중요한 포인트

1. 집에서 체류한다고 가정한 뒤 메뉴를 고려한다.
2. 집에 있는 식재료, 조리기구만으로 만들 수 있는 메뉴를 고려한다.
3. 휴대용 가스레인지를 사용해서 만들 수 있는 메뉴를 고려한다.
4. 데치기, 굽기, 볶기, 데우기로 만들 수 있는 메뉴를 고려한다.

평소부터 준비한다

- **잎채소는 미리 씻어서 냉장고에 보관한다.**
  (단수를 대비해서)

- **햄버그 같은 음식을 넉넉하게 만들어서 냉동한다.**
  (굽거나 데우기만 해서 먹을 수 있는 상태로)

- **채소는 데쳐서 냉동한다.**
  (자연 해동하면 그 상태로 먹을 수 있다.)

- **육류는 잘라서 냉동한다.**
  (조리 시간 단축, 설거지를 줄이기 위한 아이디어)

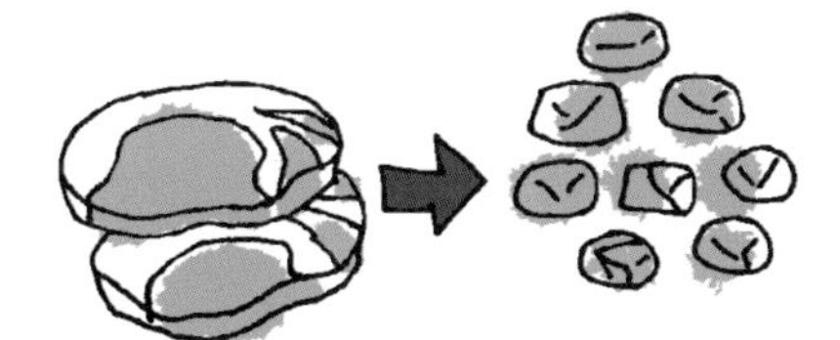

- **냉장고에는 조리하지 않고도 먹을 수 있는 음식을 상비한다.**
  (정전을 대비해서)

- **건면은 3분 만에 삶을 수 있는 파스타, 1분 30초 만에 삶을 수 있는 국수 등을 준비한다.**
  (연료 절약)

노부에 씨가 준비한 식단

2주 분량의 대략적인 메뉴를 생각해놓으면 안심할 수 있다.

1일째 — 지진이 일어난 직후이므로 간단하게 먹을 수 있는 음식을 준비한다.

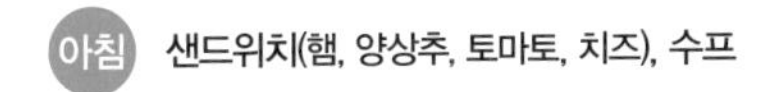

- 아침: 샌드위치(햄, 양상추, 토마토, 치즈), 수프
- 점심: 미트 소스 스파게티, 과일
- 저녁: 꽁치, 밥, 된장국

2~4일째 — 유통기한이 있는 음식, 냉동 음식을 중심으로 메뉴를 짠다.

- 아침: 머핀(잼을 바른다.), 수프
- 점심: 냉동 채소를 넣은 파스타, 과일
- 저녁: 냉동 햄버그, 밥, 수프

- 아침: 토스트, 달걀프라이, 소시지, 우유
- 점심: 우동(달걀을 풀어 넣거나 파, 유부를 넣는다.)
- 저녁: 닭 꼬치, 밥, 된장국

- 아침: 핫케이크, 코코아
- 점심: 라면(양배추나 당근 등 있는 채소를 넣는다.)
- 저녁: 과일, 치킨라이스, 롤빵

5~7일째 — 즉석식품, 말린 식품을 중심으로 메뉴를 짠다.

- 아침: 죽, 매실장아찌
- 점심: 국수
- 저녁: 어묵, 밥, 된장국

- 아침: 주먹밥, 된장국
- 점심: 크림 스파게티, 과일
- 저녁: 중화덮밥, 달걀 수프

- 아침: 주먹밥, 된장국
- 점심: 카레, 과일
- 저녁: 어묵, 밥, 된장국

8일째 이후

즉석식품, 말린 식품을 중심으로 남은 음식을 가지고 메뉴를 짠다.

20

재해 시 유용한 물품을 동네에서 찾아놓자

➜ 재해가 발생할 경우 온 가족이 안전하게 대피할 수 있도록 지도를 보면서 실제로 대피소까지 가는 길을 걸어가보자.

신경 써서 걸으면 재해 발생 시 유용한 물품이 동네에 의외로 많다는 사실을 알 수 있다. 예를 들어 늘 사용하던 자동판매기가 재해 시에 음료를 무료로 제공하는 재해용 자동판매기거나, 자동심장충격기(AED)가 탑재되어 있는 경우도 있다.

그 밖에도 급수소나 비축 창고가 있는 장소, 소방 수리, 구호소가 설치되는 시설 등을 지방자치단체에 문의하거나 홈페이지를 확인해서 미리 조사해놓자. 재해가 발생했을 때 이용할 수 있을 만한 물품을 동네에서 찾은 뒤 일일이 지도에 기입해서 '방재 지도'를 만든다.

비축 창고

이런 물품을 찾아놓으면 편리하다

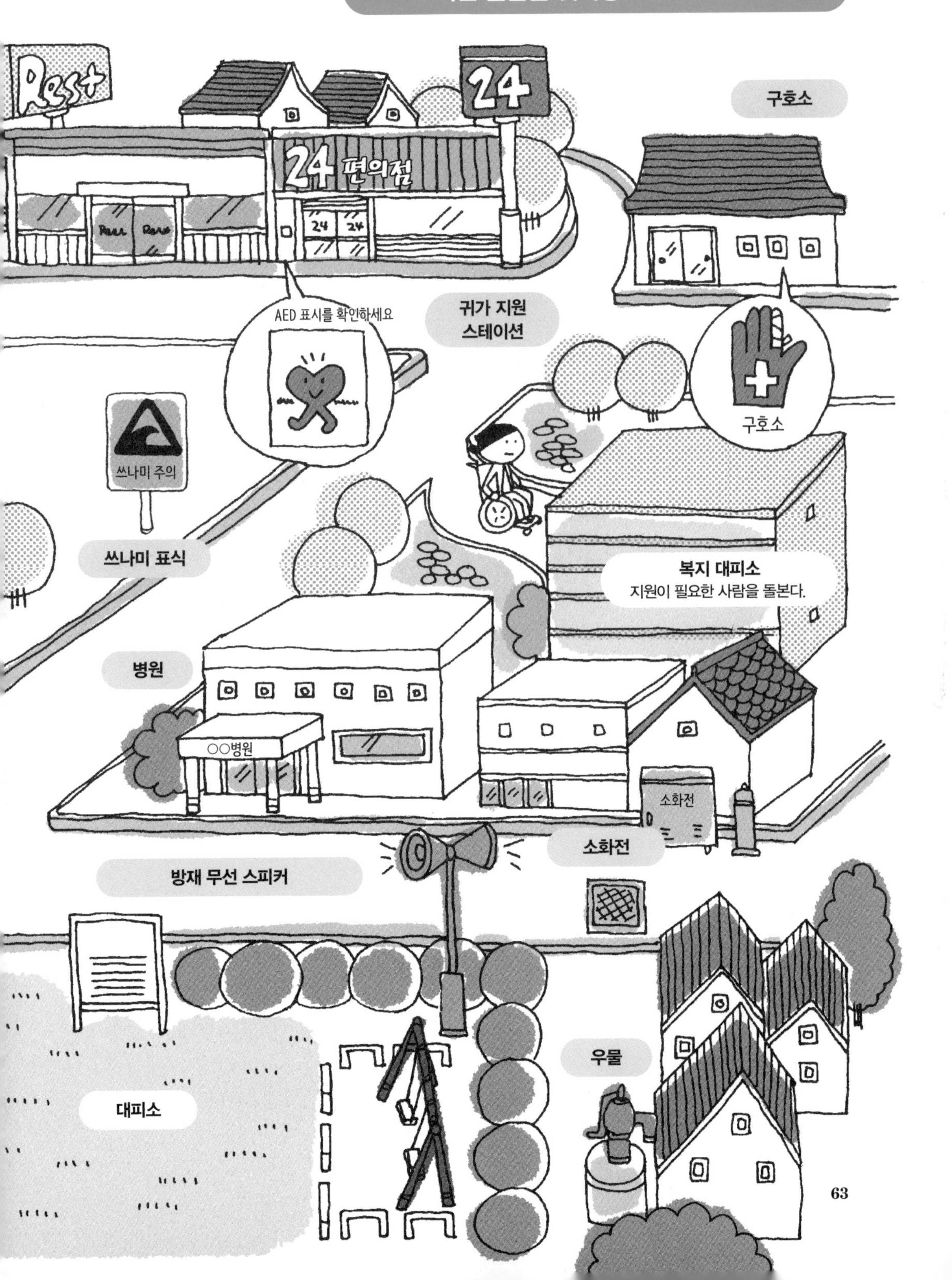

21

에코 시스템은 재해에도 강하다

➜ 지진이 발생하면 수도뿐 아니라 전기, 가스 등 생활 유지에 필요한 시설에 피해가 생긴다. 이럴 때를 대비하여 평소에 공공 전기나 가스, 수도에 의지하지 않는 '자립형 생활'을 지향해보면 어떨까?

이를테면 정전을 대비해서 발전기를 준비해놓거나 태양 전지판을 붙인다. 우리 집에서는 단수 대책으로 우물을 팠다. 재해가 발생했을 때는 화장실 문제도 심각하므로 빗물 탱크나 '가정용 히트펌프 온수기'를 사용해서 생활용수를 확보하는 것도 현명한 방법이다. 물통 정수기를 설치하는 방법도 추천한다. 빗물 탱크의 경우, 지방자치단체에서 설치비를 지원하는 경우도 있다. 참고로 서울시는 2006년부터 소형 빗물 탱크 설치를 지원해왔다.

필자는 플러그인 하이브리드 자동차도 주목하고 있다. 발전기를 탑재하고 있어서 시동을 걸면 가전제품을 사용할 수 있다. 재해가 발생한 후, 생활하는 데 든든한 아군이 되어줄 듯하다.

물 비축

이 두 가지를 세트로 사용한다.
대기 열을 모아서 물을 끓인다.

가정용 히트펌프 온수기

히트펌프를 사용해서 대기 중의 열을 회수하여 급탕에 필요한 에너지로 이용하는 시스템이다. 지진으로 단수된 경우, 탱크에 저장한 물을 생활용수로 사용한다.

빗물 탱크

홈통을 통해서 빗물을 용기에 모은다. 평소에는 정원 손질이나 세차에 사용하고, 재해가 발생하면 화장실에서 용변을 볼 때나 빨래할 때 생활용수로 활용한다. 도시형 수해 방지책으로도 주목받고 있다.

소재도 폴리에틸렌, 스테인리스, 목재 등 다양하다.

수동식 펌프를 설치하면 정전 시에도 쓸 수 있다.

우물

지역에 따라 4미터를 파면 물이 나오는 곳이 있는가 하면, 100미터를 파야 하는 곳도 있다. 또한 똑같이 1미터를 파도 지질에 따라 공사 비용 차이가 많이 난다. 우물 시공 업자에게 정확한 견적을 받은 후에 발주하자.

물통 정수기

물통 정수기를 사용하면 평소에 물을 비축하고 있는 셈이므로 단수되어도 안심할 수 있다. 무게중심이 위에 있으므로 쓰러지지 않도록 미끄럼 방지 매트로 고정해놓는 것을 잊지 말자.

전기 비축

태양광 발전

태양광 발전은 태양광을 받아서 전기를 만들고, 이를 가정에서 이용하는 것이다. 대규모 공사가 필요하며 비용도 들지만, 전기세가 저렴해지는 데다 남은 전기를 전력회사에 판매할 수 있다. 정부나 지방자치단체에서 설치 보조금이 나오는 제도도 있다.

플러그인 하이브리드 자동차

하이브리드 자동차는 대량의 축전지를 탑재한다. 이 때문에 '움직이는 비상용 전원'으로 주목받고 있다. 가전제품을 전기 코드로 연결해서 사용할 수 있는 기능도 있다.

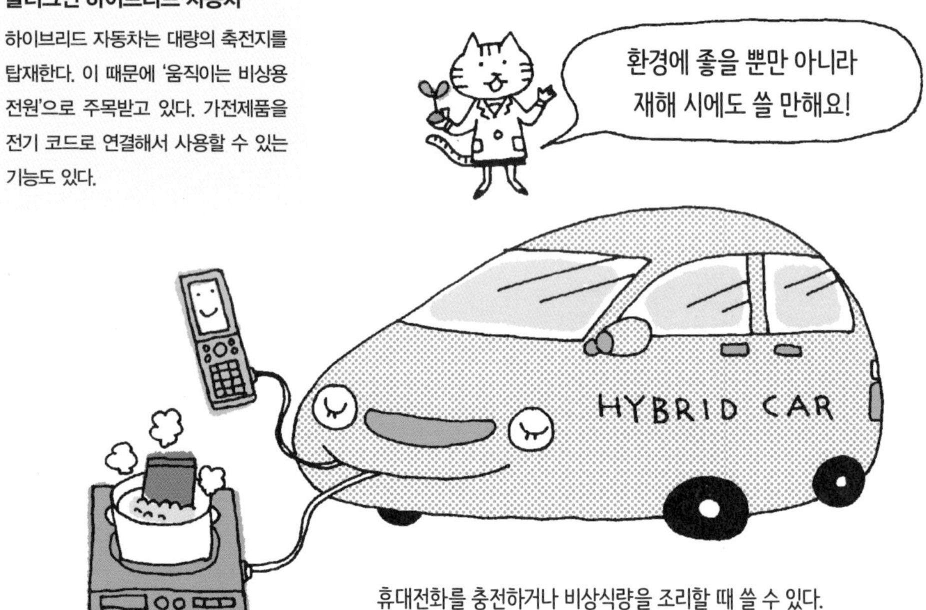

휴대전화를 충전하거나 비상식량을 조리할 때 쓸 수 있다.

22

화장실은 자력으로 마련한다

'집 안 화장실을 못 쓰는 경우에는 근처 대피소에 있는 화장실에 가면 된다.'라고 생각할 수 있는데, 실제 재난이 일어나면 대개 화장실은 충분하지 않다.

1인당 1회 배설 시간을 2분으로 계산하면 100명이 줄을 섰을 경우에 3시간 이상 기다려야 한다. 게다가 화장실을 하루에 한 번만 간다고 할 수 없으니, 이래서는 화장실에 줄을 서는 것만으로 하루가 끝나고 만다. 이렇듯 재해가 일어난 지역에서는 화장실 가는 것을 참아서 방광염에 걸리거나 수분 섭취를 제한하다가 탈수 증상이나 이코노미 클래스 증후군(심부정맥 혈전증)이 생기는 등 몸 상태가 나빠지는 사람이 많이 생긴다. 집에서 생활하든 대피를 가든 화장실은 큰 문제다. 재해가 발생했을 때 화장실은 반드시 직접 준비해야 한다.

온 가족의 하루 배설량
×
한 달 분량의 화장실을 준비

간이 화장실을 마련하려면 일단 가족의 배설량을 알아야 한다. 가족이 하루에 배설하는 횟수를 조사한다. 준비해야 하는 화장실은 온 가족의 한 달 분량을 기준으로 삼는다.

또한 재난이 발생한 후에는 쓰레기를 수거하러 오지 않는 경우도 있으므로 오물 처리 방법도 고려해놓아야 한다. 우리 집은 우물물로 흘려보내는 유형과 변기 시트에 봉투를 덮어서 사용하는 유형이 있다. 봉투는 한데 모아서 최종적으로 일반 쓰레기로 처분한다. 외출 시에는 성인용 기저귀도 이용한다. 발코니에만 오물을 놓을 수 있는 아파트에서는 냄새 문제도 심각하다. 그러니 오물을 지퍼가 달린 봉투에 넣거나 탈취제를 사용하는 등 다양한 대책도 준비하자.

재해 발생 시 편리한 간이 화장실

봉투 타입

고분자 흡수 폴리머와 배변 봉투가 세트로 되어 있으며, 사용 후에는 즉시 변을 굳혀서 처리한다. 탈취 기능도 있으며 손을 더럽히지 않고 처리할 수 있는 유형이 대부분이다. 소변용, 대소변용이 있다.

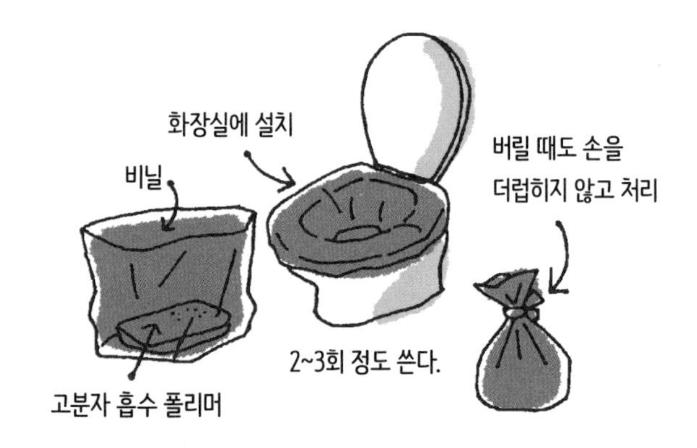

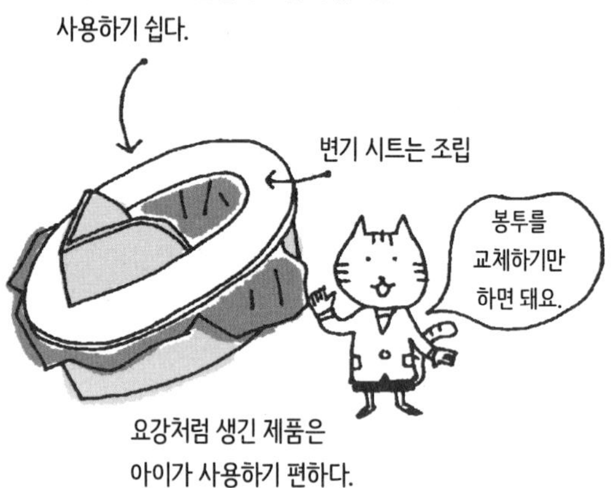

골판지 상자 타입

골판지 상자로 변기 시트를 조립하는 유형이다. 두루마리 휴지나 응고제 폴리머, 손전등 등이 세트로 되어 있는 화장실 키트도 있다.

집에 마당이 있으면

땅 밑으로 20센티미터 정도를 파서 화장실을 만드는 것도 방법이다. 바닥에 돌이나 나뭇잎 등을 깔고, 용변을 보고 나면 냄새가 나지 않게 흙을 뿌린 뒤 나무판으로 덮어놓는다.

수제 화장실

간이 화장실이 없어도 신문지를 이용해서 화장실을 만들 수 있다.

1. 쓰레기봉투를 변기 시트에 덮는다.

2. 봉투 속에 신문지를 깔고 그 위에 잘게 찢은 신문지를 넣는다.

3. 용변을 보고 나면 탈취제를 뿌리고 그 위에 신문지를 올려놓는다.

4. 몇 번 사용하고 나면 쓰레기봉투를 통째로 처분하고 새 쓰레기봉투로 바꾼다.

사무실에서 집까지 가는 길도 알 수 없었다

지진이 일어났을 때 나는 도쿄 도요스에 있는 23층 사무실에 있었다. 건물이 어찌나 흔들리던지 멀미가 나는 듯했다. 회사에서는 오후 4시까지 대기하다가, 그 후에는 귀가할 것인지 말 것인지 개인에게 판단을 맡겼다. 초등학교 4학년생과 어린이집에 다니는 딸이 있었기에 나는 집이 있는 시부야까지 어떻게든 돌아가야 했다. 차를 이용해야 할 거리였지만 대중교통까지 멈춰선 상태라 방법이 없었다. 결국 걸어서 가겠다고 결심했지만 혼자서는 너무나도 불안했다. 마침 딸과 같은 학교에 다니는 아이의 엄마가 같은 빌딩에 근무한다는 사실이 생각났다. 전화번호를 뒤져 겨우 연락이 닿았고, 그 엄마와 둘이 함께 걸어서 돌아가기로 했다. 하지만 막상 출발하려니 길을 몰랐다. 발을 동동 구르고 있는 우리를 보고 같은 부서의 상사가 '재해 시 지도'를 건네주며 경로까지 표시해줬다. 그전까지 회사에서 종종 귀가 훈련을 실시했는데 한 번도 참가한 적이 없었다. 재해가 닥치고 나서야 후회했다.

– 도쿄 시부야구, 42세 회사원

아이들의 얼굴을 한시라도 빨리 보고 싶었다

우리 집은 신주쿠에 있고 회사는 시나가와에 있었다. 어린이집에 다니는 두 살짜리 아들과 초등학교 1학년인 딸이 있어서 한시라도 빨리 집에 돌아가야 한다는 생각이 머릿속에 가득했다. 먼저 집에서 직장이 가까운 남편과 연락한 후에 나는 걸어서 귀가했다. 지진이 일어난 날에는 마침 친정어머니가 집에 있어서 아이들을 데리고 있었는데도, 빨리 집에 가고 싶다는 마음뿐이었다. 걷다 보니 집까지 무려 세 시간 반이 걸렸다. 업무용 구두를 신고 있었고 짐도 있었던 탓에 생각보다 시간도 더 걸리고, 몸도 너무나 힘들었다. 동일본 대지진을 교훈으로 삼아 요즘은 운동화와 휴대전화 충전기를 회사에 두고 다닌다.

– 도쿄 신주쿠구, 40세 회사원

학교마다 지진 대처 방법에 차이가 있어서 깜짝 놀랐다

우리 두 아들은 서로 다른 사립 중학교에 다니고 있는데, 두 학교가 서로 다른 지진 대처 방법을 보여서 깜짝 놀랐다. 중학교 2학년인 첫째 아들이 다니는 학교는 교내에 비축품이 있어서 집으로 가는 전철이 움직일 때까지는 귀가시키지 않는다는 방침이 있었다. 그래서 학교에 비축되어 있는 쌀로 밥을 지어서 함께 식사를 하면서 전철이 다시 움직이기를 기다렸다고 한다. 한편 중학교 1학년인 둘째 아들이 다니는 학교는 거주지에 따라 이동 경로와 최종 목적지가 따로 정해져 있었다. 경로별로 선생님의 인솔하에 최종 목적지까지 걸어가는 방식이었다. 그곳으로 가족이 학생들을 데리러 오는 규칙이었는데, 보호자와 연락이 안 된 경우가 많았던 탓에 목적지에서 아이가 혼자 집에 돌아가거나 부모가 올 때까지 선생님과 기다렸다고 한다. 부모 입장에서 안심이 되는 쪽은 첫째 아들 학교다. 이번 지진을 계기로 둘째 아들의 학교에도 재해에 대비해서 필요한 물품을 비축해 놓도록 부탁했다. – 도쿄 스기나미구, 33세 음식점 경영

이제는 걸어서 집에 가기가 지긋지긋하다

이번 지진은 태어나서 처음으로 느껴보는 심한 진동이었다. 나는 1차 진동이 가라앉자마자 회사에서 부리나케 밖으로 뛰쳐나왔다. 초등학교 1학년인 딸이 보육시설에 있었는데, 무서움에 떨고 있을 딸을 생각하니 애가 바짝바짝 탔다. 아이를 데리러 가기 위해 무작정 길을 나섰다. 길 위에 기울어진 자동판매기와 사방에 널린 유리 파편이 지진이 얼마나 심했는지 말해주고 있었다. 도로 상황은 더욱 심각했다. 택시를 서로 먼저 타려고 싸움을 하는 사람들로 차의 운행이 쉽지 않은 것은 물론이고 거리에서 걷는 것마저 무서웠다. 가와사키에 있는 회사에서 요코하마까지 다섯 시간 정도 걸렸다. 걷는 데 힘이 들어 멈추고 싶었지만 아이 생각에 더욱 걸음을 재촉했다. 나중에 안 사실이지만 지진이 일어난 와중에 걸어서 귀가하는 것은 자살행위나 다름없다고 한다. 다음에 지진이 일어나면 그때는 회사에 남아 있어야겠다고 생각하면서도 딸아이를 생각하면 그 상황이 또다시 온다고 해도 몇 시간이고 걸을 것 같다. – 가나가와현 요코하마시, 29세 회사원

책장이 문을 막아서 밖으로 나갈 수가 없었다!

나는 지바시에 10여 년 정도 된 20층 아파트의 12층에 살고 있다. 지진이 일어났을 때 초등학교 1학년인 딸이 홀로 집에 남아 있었다. 무슨 일이 있진 않았을까 걱정하며 근무처인 약국이 있는 후나바시에서 세 시간 넘게 걸어 집에 도착했다. 집을 살펴보니 창유리가 깨져 있었고, 수납장이 쓰러지면서 식기가 튀어나오는 바람에 방 안은 유리 파편으로 가득했다. 엉망진창인 집을 보고 놀라서 딸의 방으로 뛰어갔다. 어찌된 일인지 문이 열리지 않았다.

나는 미친 듯이 문을 두드리며 딸의 이름을 계속 외치면서 "왜 그래?" "어떻게 된 거야?"라고 물어봤더니 딸은 "책장이 쓰러져서 나갈 수가 없어요."라고 대답했다. 먼저 딸을 방에서 꺼내기 위해 문을 세게 밀었다. 그러나 문은 아무리 세게 밀어도 꿈쩍도 하지 않았다. 급할 때일수록 돌아가라고, 침착하게 딸에게 책장에서 튀어나온 책을 전부 치우고, 빈 책장을 움직여보라고 했다. 빈 책장을 움직여 내 몸이 겨우 들어갈 만한 공간을 만들었다. 방 안에는 책장과 책상이 전부 쓰러져서 온갖 물건들이 바닥에 널브러져 있었다. 이런 일을 겪고 나니 가구를 고정해놓지 않은 것을 깊이 반성했다.

– 지바현 지바시, 35세 약사

친한 엄마의 도움으로 아이들은 집까지 안전하게 올 수 있었다

지진이 발생했을 때, 나는 주오구에 있는 회사에서 일하고 있었다. 지진이 지나간 후에 딸들이 다니는 초등학교, 어린이집과 연락이 닿지 않아서 너무 당황스러웠다. '지금 당장은 갈 수 없다.'라는 말을 전해야 하는데 방법이 없었다. 마침 그때 같은 동네에 사는 친한 엄마에게서 연락이 왔다. "당장 귀가할 수 없는 상황일 테니까 아이는 내가 데리고 돌아가서 돌볼게요."라며 학교 선생님과 상의해서 여덟 살, 네 살짜리 두 딸을 데려갔다고 말이다. 선생님이 규칙에 어긋난다며 안 된다고 했겠지만 설득한 모양이다. 집에서 돌보고 있겠다는 메시지를 봤을 때 얼마나 감사했는지 모른다. 오후 5시가 지나서 겨우 회사를 나왔는데 집에 도착하니 밤 10시가 넘었다. 이번 일로 평소 이웃에 사는 아이 엄마들과의 관계에 더욱 신경 써야겠다고 생각했다.

– 도쿄 시부야구, 39세 회사원

고층 아파트에 갇히면 어쩌지?

나는 도쿄만 연안에 있는 아파트의 10층에 살고 있다. 지진이 일어난 날에는 혼자 집에 있었는데, 강한 진동을 느끼자마자 거실의 탁자 밑에 숨었다. 두 번째 일어난 긴 진동으로 주방의 선반 위에 있던 매실주 병과 와인 병이 바닥으로 떨어졌다. 나는 탁자 밑에서 튀어나가지 않도록 필사적으로 탁자 다리를 붙잡았다. 하지만 거실 양쪽에 있는 책장이 점점 가운데로 다가오는 느낌이 들었다. '깔리면 어쩌지?' 하고 불안해서 견딜 수 없었다. 지진이 가라앉은 후에 살펴보니 가구가 벽에서 7~8센티미터 정도 떨어져 있었다. 아파트를 지은 지 얼마 안 돼 지진에 강하다는 것은 알고 있었다. 하지만 혼자 있는 것이 무서워 진동이 가라앉으면 밖으로 나가려고 했다. 그런데 주방은 이미 바닥이 유리 파편으로 가득해 갈 수 없었다. 다른 출구인 복도도 떨어진 CD와 책으로 지나가기 어려웠지만 달리 방도가 없었다. 복도를 지나 현관에 간신히 도착하자마자 계단으로 뛰어 내려갔다. 나중에 같은 아파트 2층에 사는 친구와 이야기해보니 친구 집은 피해가 없었다고 했다. 우리 집은 지진 대책을 전혀 세우지 않아 피해가 컸던 게 아닐까 반성했다.

– 도쿄 고토구, 40세 자영업

인도 훈련이 과연 의미가 있을까?

나는 지바의 후나바시에서 소가까지 20킬로미터를 장장 네 시간 동안이나 걸었다. 소가에 초등학교 3학년짜리 딸이 다니는 초등학교가 있기 때문이다. 학교에서 매년 방재의 날에 하는 '인도 훈련'에 참가했는데도 실제상황에서 걸어보니 너무 힘들었다. '인도 훈련'이 정말로 의미가 있는 것인지 의구심이 생겼다. 학교에서 하는 훈련에서는 부모가 교정에서 줄을 서서 기다리고 있으면 선생님의 손에 이끌려온 아이들이 부모를 찾아왔고, 선생님도 아이들을 순서대로 부모에게 인도하기만 했다. 하지만 막상 지진이 일어나고 보니 애초에 부모가 아이를 데리러 갈 수 없는 상황이지 않은가? 재해가 일어났을 때의 대처 방법을 훈련했으면 훨씬 효과가 있지 않았을까 싶다.

– 지바현 소가시, 28세 공무원

아내는 택시에서 내리지 못했고, 나는 어린이집까지 다섯 시간을 걸었다

동일본 대지진이 일어났을 때, 나는 도쿄 신주쿠에 있는 회사에서 회의 중이었다. 겨우 회의가 끝나고 밖으로 나와 보니 길은 사람과 차들로 넘쳐났다. 이미 택시 승강장에는 많은 사람들이 줄을 서 있어 도저히 택시를 탈 수 있는 상황이 아니었다. 어린이집에 다니는 네 살짜리 아들과 초등학생인 열 살짜리 딸을 데리러 빨리 가야 한다는 마음이 가득해서 초조해졌다. 하지만 가나가와현 요코하마시에 있는 회사에 근무하는 아내와도 연락이 닿지 않아 일단 나는 어린이집을 향해 걸어갔다. 전철도 운행이 중단돼서 정말 큰일 났구나 싶었다. 아내는 택시를 잡아탔지만 도로 정체가 심해서 차들이 전혀 움직이지 않았다고 한다. 내가 어린이집에 간신히 도착했을 때 시간을 보니 밤 10시였다. 평소 전철로 40분 정도 걸리는 거리를 다섯 시간이나 걸었다. 어린이집에서 아들을 데리고 초등학교로 갔을 때는 밤 12시가 넘었는데, 다른 아이들은 다 돌아가고 딸만 혼자 남아 있었다. 이 일로 직장과 학교, 어린이집이 멀리 떨어져 있다는 사실을 절실히 느꼈으며, 가까운 미래에 지진이 또 온다고 하니 불안해서 견딜 수가 없다.

– 도쿄 니시토쿄시, 49세 회사 경영

고층 아파트도 이렇게 흔들릴 수 있다는 사실이 무서웠다

시오도메에 있는 29층짜리 내진 설계가 된 아파트에 산 지 3년째다. 동일본 대지진이 일어난 날, 진동을 느끼자마자 가장 먼저 15개월 된 딸을 안고 화장실로 뛰어 들어갔다. 건물이 휘듯이 크게 흔들려서 이러다 뚝 부러지는 게 아닐까 매우 걱정스러웠다. 밖을 보니 오다이바에 연기가 피어오르고 그 앞쪽의 석유 콤비나트가 불타고 있었다. 전기와 수도는 무사했지만 엘리베이터 4대가 전부 멈춰 있었다. 아이를 안은 채 짐을 들고 홀로 1층까지 계단을 내려가면서도 도저히 못 할 일이라고 생각했다. 엘리베이터는 다음날에야 겨우 복구되었다.

– 도쿄 미나토구, 34세 주부

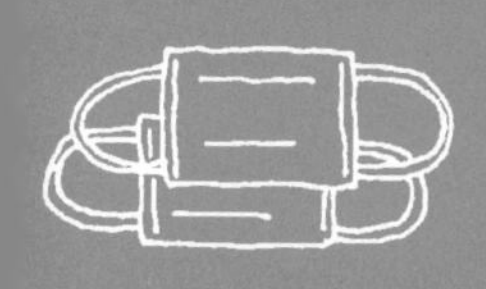

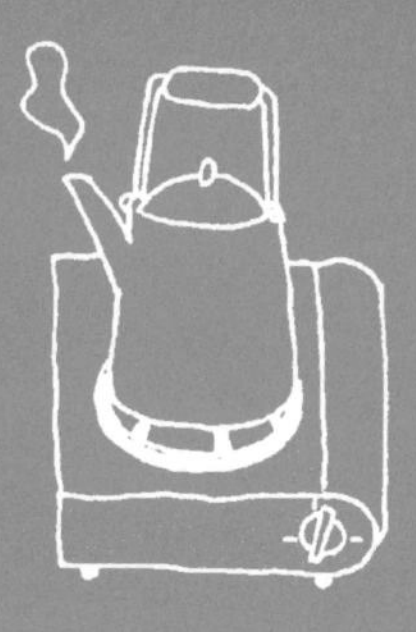

Chapter 3

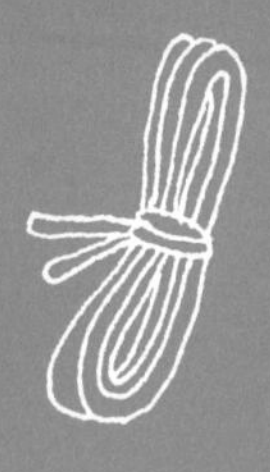

가족이 살아남기 위한 방재 매뉴얼

일단 각자 살아남아야 한다. 살아 있기만 하면 반드시 다시 만날 수 있다. 가족과 떨어졌더라도 서둘러 찾으려고 하지 말고, 평소 아이들에게는 자력으로 극복하는 방법을 가르치자.

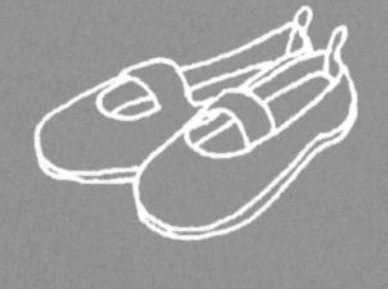

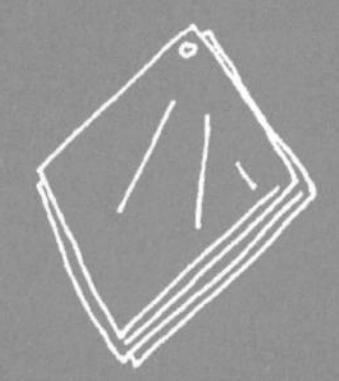
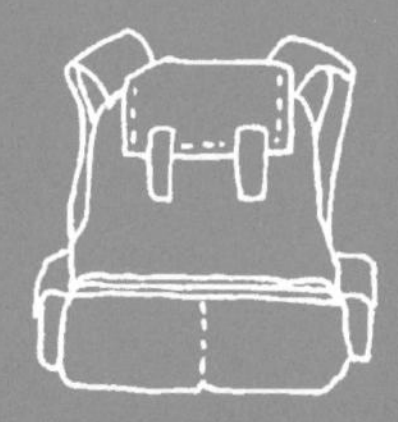

23
우리 집 방재 매뉴얼을 만든다

➔ 다양한 지진 대책을 마련해놓아도 막상 지진이 일어나면 머릿속이 새하얘져서 무슨 일부터 해야 할지 아무 생각도 나지 않는다. 그래서 우리 집에서는 재해가 일어나도 당황하지 않도록 '방재 매뉴얼'을 만들었다.

재해가 일어났을 때 꼭 알아두어야 할 상식이나 연락 방법, 만남의 장소, 가족의 역할 분담 등 우리 집의 규칙을 A4 용지에 정리해서 온 가족이 늘 갖고 다닌다.

온 가족이 모여 대화를 나누며 생각해서 만든 방재 매뉴얼은 각 가정의 실정에 딱 들어맞으므로 확실하게 기억할 수 있다.

가족과 함께 방재 회의를 열어서 세상 어디에서도 찾아볼 수 없는 우리 집만의 방재 매뉴얼을 만들어보자.

방재 매뉴얼 예시

1. 비상시 가족과의 연락 방법

첫 번째 수단 통신회사의 재해용 음성 사서함에 전화를 걸어서 저마다 처한 상황과 대피한 장소에 대해서 녹음하고 다른 가족이 녹음한 메시지를 재생한다. 녹음 재생에는 통화료가 부과되지만 대피소의 특설 전화를 사용하면 무료다.

두 번째 수단 가족 모두에게 전화를 건다. 연결되지 않더라도 포기하지 말고 장소를 이동하며 다시 건다.
【아빠의 휴대전화】 ○○○-○○○○ 【엄마의 휴대전화】 ○○○-○○○○

세 번째 수단 개집 안에 자신이 대피한 장소와 상황을 종이에 적어서 붙여놓는다.

네 번째 수단 할아버지(○○-○○-○○○)에게 전화한다. 가족의 상황을 묻고 자신의 상황을 전달한다.

2. 만남의 장소와 경로 확인

만남 약속 ○○초등학교 교정에 있는 정글짐 옆에 오전 9시와 오후 3시에 만나기로 한다. 20분을 기다려도 오지 않으면 다음 시간까지 자유롭게 행동한다.

대피 경로 집에서 갈 때는 지정 통학로를 지나간다. 역에서 갈 때는 동쪽 출구로 나가서 자택 방면으로 쭉 가다가 ○○초등학교 앞의 신호에서 왼쪽으로 꺾어서 초등학교로 간다.

- 큰 화재가 발생했을 때는 ○○공원으로 대피한다. 수해가 발생했을 때는 ○○초등학교가 고지대에 있으므로 학교 건물의 맨 위층으로 간다.
- 만남의 장소, 대피소까지 가기 어려운 상황일 경우에는 각자 알아서 판단하여 근처에 있는 대피소로 간다. 그 상황을 재해용 음성 사서함에 녹음한다.

3. 지진이 발생하면?

① 즉시 몸을 보호하는 자세를 취한다. 쓰러지거나 위에서 떨어지는 물건으로부터 몸을 보호한다. ② 진동이 가라앉으면 신발이나 실내용 슬리퍼를 신는다. ③ 불을 끄고 문을 연다. ④ 상황을 파악해서 필요할 경우에는 대피한다.

4. 가구나 가옥 밑에 깔리면?

가족 중 누군가가 가구 등에 깔려서 움직이지 못하면 도움을 청하러 간다.
① 이웃 사람 ② 근처에 지나가는 사람 ③ 자주 방재조직(○○자치회관) ④ 주민회관 또는 대피소에 있는 사람 ⑤ 재해 자원봉사자 센터(○○○○-○○○○) ⑥ 119 ⑦ 112

자신이 가구 등에 깔린 경우
① 몸의 어느 부분을 움직일 수 있는지 확인한다. ② 큰 소리로 도움을 청한다. ③ 손가락 등을 움직여서 몸의 혈액순환을 돕는다. ④ 반드시 살 수 있다는 희망을 갖고 힘낸다!

5. 집에서 멀리 벗어날 때는?

① 전기 차단기를 내린다. ② 화기나 콘센트를 확인한다. ③ 집의 창문이나 현관문을 잠근다. ④ 가족의 안부를 적은 종이를 문에 붙인다. ⑤ 신분증명서, 신용카드, 보험 및 공제 증권, 권리증을 잊지 않는다.

6. 귀중품 취급 방법

신분증명서, 신용카드, 보험 및 공제 증권, 집의 권리증 번호를 기록해놓는다.

24

만남의 장소와 대피 경로를 정해놓는다

➔ 동일본 대지진이 일어난 후 메이지야스다 생명이 일본 전국의 1,097명을 대상으로 실시한 설문조사에서 대지진이 일어났을 때 '가족의 안부'가 가장 걱정스럽다고 대답한 사람이 93.4퍼센트를 차지했다. 그런데 실제로 연락 수단이나 집합 장소를 정해놓은 사람은 그중 3분의 1에 불과했다고 한다. 다시 말해 세 명 중 두 명이 가족을 걱정하면서도 아무런 대비책을 마련하지 않았다는 뜻이다.

가족과 연락할 수 없어도 만남의 장소를 정해놓으면 만날 가능성이 높아진다. 도시에서는 대피소 한 곳에 수천 명이 모이는 경우도 있으니 구체적인 장소를 정해놓도록 하자.

우리 집은 집 근처의 초등학교 교정에 있는 정글짐 옆을 만남의 장소로 정했다. 시간은 오전 9시와 오후 3시이며, 20분을 기다려도 오지 않으면 대피소로 돌아가기로 했다.

지진이 일어나면 며칠 동안은 큰 여진과 2차 재해에 휩쓸릴 우려도 있다. 가족들이 만남의 장소에 오지 않더라도 반드시 살아 있다고 믿고 일단은 안전한 장소에서 머물도록 하자. 또한 사전에 교통량이 적은 도로나 오래된 건물이 없는 길 등 안전하게 대피할 수 있는 경로도 알아두자.

차도 옆
진동으로 핸들을 놓친 차가 폭주할 수 있으니 주의하자!
담벼락
쓰러지면 위험하다!
실외기
빌딩 뒤쪽 등에 설치되어 있는 실외기가 떨어질 수도 있다!
빌딩가
낙하물을 조심하자! 건물에서 바로 대피할 수 없을 때는 건물 안으로 피하자!
신호기
정전 때문에 작동하지 못하면 차량이 혼란을 일으켜 폭주할 위험도 있다!
알아두어야 할 거리의 위험 요소!
대피할 때 조심하자!
상점가
지붕이나 조명을 설치한 아케이드는 지진으로 벗겨지거나 바닥으로 떨어질 위험도 있다!
고가 및 육교
고가나 육교가 붕괴되어 낙하할 수 있으니 주의하자!
상점가
CAKE
상점가
자동판매기
무게가 250~450kg이니 밑에 깔리지 않도록 조심하자!

25

가족과의 연락보다도 먼저 자신의 안전을 지켜야 한다

"가족과 연락이 닿지 않아서 애가 타 죽는 줄 알았어요."

"확실하게 연락하려면 어떻게 해야 할까요?"

동일본 대지진이 일어난 후 많은 사람들이 한 질문이다. 하지만 재해가 발생하면 연락할 수 없을 것이 뻔하니 애초에 연락할 수 없는 상황을 가정해서 미리 준비해놓는 편이 현실적이다.

동일본 대지진이 일어났을 때는 이와테현 가마이시시의 초·중학교에 다니는 대부분의 학생들이 쓰나미 피해로부터 목숨을 건진 것을 보고 '가마이시의 기적'이라고 불렀다. 도호쿠 지방에는 '덴덴코'라는 말이 있다. '각자 뿔뿔이 흩어져서 대피해라.' '자신의 목숨은 스스로 지켜라.'라는 의미인데, 이 말은 각자 알아서 생각하여 자신의 목숨을 지키라는 교훈을 주고 있다. 우리는 이 말을 잊으면 안 된다.

재해가 일어난 직후에는 큰 여진도 있고 쓰나미나 화재 등의 2차 피해도 발생한다. 지진이 일어나면 며칠 동안은 연락하는 것에만 집착하지 말고, 어떻게든 살아남기 위한 행동을 우선적으로 생각하기 바란다. 살아만 있으면 언젠가 반드시 연락할 수 있기 때문이다.

또한 재해 상황에 따라 어떤 연락 방법이 가장 효과적인지 알 수 없으니 음성 사서함, 문자, 트위터나 페이스북 등 여러 가지 방법을 고려해야 한다.

평소에 가족과 상의해서 '재해가 발생하면 이렇게 하자.'라고 미리 정해놓자. 자녀가 중고등학생일 경우에는 혼자 있을 때 어떻게 해야 하고, 무엇이 위험한지 스스로 판단할 수 있도록 지식을 공유하자.

자녀가 초등학생 이하일 경우에는 일단 혼자 두지 말자. 또 등하교 중에 재해가 발생하면 학교로 가라고 미리 알려준다. 설령 연락할 수 없더라도 '우리 애는 반드시 이렇게 하고 있을 거야.' '아빠나 엄마는 이런 식으로 생각할 거야.'라고 서로의 행동을 예측할 수 있게 해놓는 것도 중요하다.

가족 행동표

시각	가족 이름	일요일	월요일	화요일	수요일	목요일	금요일	토요일
아침 9시	아빠							
	엄마							
	아이							
낮 12시	아빠							
	엄마							
	아이							
오후 3시	아빠							
	엄마							
	아이							
저녁 6시	아빠							
	엄마							
	아이							
저녁 9시	아빠							
	엄마							
	아이							

26

학교는 대피소이므로 아이를 서둘러 데리러 가지 않아도 된다

➔ 어린 자녀가 있는 사람은 재해가 발생하면 어떻게든 유치원이나 학교로 아이를 데리러 가야 한다고 생각하기 쉽다. 하지만 대지진이 일어난 직후에는 동네나 도로가 전부 혼란한 상태라서 아주 위험천만하다. 함부로 행동하면 사고를 당할 수도 있다.

유치원이나 학교는 아이 혼자 하교시키지 않으며 대체로 보호자가 데리러 와야 집으로 돌려보낸다. 그런데 학교는 원래 대피소 기능을 갖춘 장소다. 비상시에는 학교에서 머무는 쪽이 오히려 안전하다. 아이를 데리러 갈 경우 부모와 자녀가 함께 학교에 그대로 남는 것도 좋은 방법 중 하나다.

일본의 모든 유치원이나 학교에서는 일 년에 몇 번씩 '인도 훈련'을 실시하는데(한국도 재난 대비 교육을 실시한다.), 부모가 아이를 데리러 오지 못하는 경우를 가정해서 '인도할 수 없는 상황에 대한 훈련'도 필요하다. 아이는 '무슨 일이 있으면 아빠나 엄마가 데리러 올 거야.'라고 믿고 있기 때문에 "엄마랑 아빠가 즉시 데리러 가지 못할 수도 있지만 반드시 갈 테니까 그때까지 선생님 말씀 잘 들으면서 기다려."라고 말해놓자.

학교는 대피소 기능을 하므로 안심할 수 있고 편리하다

내진성이 뛰어나다

(일본) 각 지방자치단체는 1981년 이전에 건축된 학교 시설 등의 내진화를 진행했다. 내진 진단 결과는 각 지방자치단체가 운영하는 홈페이지에서 확인할 수 있다. 한국도 각 학교의 내진화를 진행 중이다.

비축품이 있다

학교에는 식료품과 물, 담요, 수건, 종이기저귀 등이 마련되어 있다.

구호소 역할을 한다

큰 재해가 발생했을 때는 초·중학교가 구호소 역할을 한다.

물이나 식료품이 배급된다

일반적으로 구호물자는 학교로 모이며 물 배급차도 온다.

정보가 모인다

대피소에는 대책 본부가 설치되므로 정보를 수집하고 발신하는 창구 역할을 한다.

27

긴급 재난 문자를 수신하자

➜ 2016년 경주 지진 당시, 뒤늦게 발송된 긴급 재난 문자에 많은 사람들이 분통을 터뜨린 적이 있다. 기상청이 통보하면 국민안전처가 문자 발송을 하는 시스템 탓에 발송이 늦어진 것인데, 2017년 현재는 기상청이 직접 재난 문자를 발송한다. 이 덕분에 2017년 11월에 일어난 포항 지진 당시에는 긴급 재난 문자를 빠르게 받아볼 수 있었다.

기상청의 발 빠른 문자 통보에 사람들은 칭찬을 아끼지 않았지만, 의외로 재난 문자를 받지 못했다고 기상청에 불만을 토로하거나, 문의하는 사람도 많았다고 한다. 일단 피처폰(스마트폰이 아닌 재래식 휴대전화 단말기)에서는 재난 문자를 수신할 수 없다. 본인이 스마트폰을 가지고 있다고 해도, 기본 설정에서 재난 문자 수신을 거부해놓았다면 문자가 오지 않는다. 따라서 긴급 재난 문자를 받지 못했다면 자신의 스마트폰에서 기본 설정을 살펴보는 게 좋다.

또한 3G 휴대전화와 2013년 이전에 만들어진 일부 4G 휴대전화라면 행정안전부에서 제공하는 '안전 디딤돌 앱'을 본인이 직접 설치해야 한다. 이 휴대전화들은 긴급 재난 문자 기능이 의무적으로 탑재되어 있지 않기 때문이다.

재난 문자 수신 설정법

안드로이드 탑재 휴대전화의 경우

1. 문자 메시지 실행, 오른쪽 위의 '더 보기' 메뉴를 클릭

2. 하위 메뉴 가운데 '설정' 클릭

3. '설정' 창에서 '긴급 알림 설정' 클릭

4. 긴급 재난 문자 활성화

아이폰의 경우

1. '설정' 실행

2. '알림' 메뉴 클릭

3. 알림 창 맨 아래 긴급 재난 문자 활성화

3G 휴대전화와 2013년 이전의 일부 4G 휴대전화의 경우

1. 플레이스토어(안드로이드)이나 앱스토어(아이폰)에서 '안전 디딤돌' 앱 설치

2. 메인 페이지 아래 오른쪽 '환경 설정' 클릭

3. '재난 문자 수신 알림 설정' '기상 특보 수신 알림 설정'을 체크

28

부모가 사망했을 때의 대처법도 생각해놓자

➔ 일본 후생노동성의 조사에 따르면 동일본 대지진으로 부모를 여의거나 부모가 모두 행방불명된 아이가 240명, 한부모 가정이 된 아이가 1,327명에 달했다고 한다.

만일을 대비하여 우리 집은 은행 계좌와 생명 보험, 권리증서 번호 등을 '귀중품 목록'으로 만들어서 종이 한 장으로 정리했다. 남편과 나는 이 목록을 늘 갖고 다니는데, 아이들에게 주기는 불안해서 똑같은 목록을 대여 금고에도 넣어놨다. 또한 "만일 아빠와 엄마가 모두 죽으면 이 목록을 들고 변호사와 상담하렴."이라고 아이들에게 말해놓았다. 나는 변호사 친구에게 부탁했지만, 비상시에 아이가 상담할 수 있고 믿을 수 있는 어른, 가능하면 먼 곳에 사는 사람을 정해놓으면 좋다. 한편 우리 집은 아이가 중학생이 되었기 때문에 부모가 사망할 경우 일어날 수 있는 문제에 관해서도 알려줬다. 예를 들어 필자가 가입한 생명 보험의 수취인이 남편인데, 남편도 사망한 경우에는 어떻게 해야 하고, 또 돈을 받을 때는 어떤 서류가 필요한지 최대한 구체적으로 설명했다.

보험금을 받고 나면 아이는 스스로 생활해야 한다. 중학생 정도의 자녀일 경우에는 의지할 수 있는 친척이나 친구, 돈을 융통하는 방법 등에 대해서도 알려주도록 한다. 아직 자녀가 어리다면 자세한 내용을 종이에 적어 주는 것이 좋다.

우리 집 귀중품 목록

년 월 일 현재

은행

은행명	지점명	계좌번호	종류	명의자	인감
TEL					
TEL					

생명 보험

보험회사	보험 상품명	피보험자	증서 번호	연락처

손해 보험

보험회사	보험 상품명	피보험자	증서 번호	연락처

카드

회사	카드 상품명	계약자	카드 번호	연락처

건강 보험

이름	기호	번호	관할

운전면허증

운전자	면허증 번호	종류	비고

여권

이름	여권 번호	종류	기한

인감등록증

이름	인감 등록 번호	종류	비고

연금 수첩

이름	기초연금 번호	종류	비고

권리증서

자동차 관계

29

지진, 대피 생활을 미리 체험해보자

➔ 필자는 대피소에서 많은 아이들을 만났는데 아이마다 반응에 큰 차이를 보였다. 제공하는 프로그램에 "나도 할래요!"라며 적극적으로 모여드는 아이가 있는가 하면 무기력한 태도로 참가를 거부하는 아이가 있었다. 이러한 반응 차이의 원인은 '체험' 유무에 따른 것으로 보인다.

예를 들어 캠프를 체험한 적이 있는 아이는 체육관 바닥에서 자는 것도 별로 힘들어하지 않는다. 하지만 체험해보지 않은 아이는 딱딱한 바닥과 추위를 비참하게 느껴서 잠들지 못하고, 다음날 아침에도 몸이 나른한 탓에 활기를 잃는다.

우리는 지나치게 쾌적한 생활에 젖어 비일상적이고 곤란한 사태에 적응하는 능력을 떨어뜨리고 있는지도 모른다. 그러므로 아이에게는 실제 체험을 많이 시켜줘야 한다. 캠프 같은 아웃도어 체험은 즐기면서 생존 기술을 익힐 수 있는 가장 좋은 훈련인데, 집 안에서도 할 수 있는 방법이 많다. 거실에 텐트를 치고 마룻바닥에서 자거나 정원이나 발코니에서 침낭을 사용하는 등 환경을 조금 바꾸기만 해도 아이의 경험치가 높아진다. 이런 훈련을 평소에 체험하는 것이 중요하다. 그에 따라 아이의 마음에 여유가 생기고 비상시를 극복하는 강한 마음을 키울 수 있다.

일상생활에서는 시야가 완전히 가려질 정도의 연기나 어둠을 좀처럼 체험할 수 없다. 그렇기에 일본 각지에 있는 '방재 센터'는 지진이나 재해를 체험할 수 있는 귀중한 장소다.(한국도 '국민안전체험관'을 운영한다. 부록 163쪽 참고.)

실제로 재해를 입으면 누구든지 마음에 깊은 상처가 생긴다. 오래 살았던 집의 붕괴, 좋아하는 가족이나 친구, 애완동물과의 이별, 자유롭지 못한 대피소 생활 등 엄청난 스트레스가 한 번에 몰려오니 그도 그럴 만하다. 평소에 자녀에게 실제 체험을 많이 시켜서 살아남는 힘을 키워주도록 하자.

방재 센터(안전체험관)에서는 이런 체험을 할 수 있다

가상 지진 체험

박진감 넘치는 대화면 영상과 진동 장치를 활용해서 대지진이 발생한 상황을 체험할 수 있다.

진도 7 지진 체험

기진 장치를 이용한 지진 체험 코너. 과거에 일어난 여덟 가지 지진파의 진동을 체험할 수 있다.

연기 속에서의 대피 체험

연기가 가득한 복도에서 자세를 낮추고 재빨리 대피하는 체험을 할 수 있다.

소화기 체험

주방에서 발생한 화재를 소화기로 초기 진화하는 체험을 할 수 있다.

소화 체험

가반식 펌프 작동, 방수, 진화하는 방법까지 실물을 사용해서 익힐 수 있다.

화재 체험

가스레인지의 불이나 차단기 등 화기를 찾은 후에 진화하는 과정까지 체험할 수 있다.

119 신고 체험

공중전화나 휴대전화로 신고하는 체험으로 화재나 사고 등의 상황을 전하는 훈련을 한다.

구출 체험

쓰러진 가옥 안에서 가구 밑에 깔린 사람을 구조 기자재를 사용하여 구조한다.

구호 체험

삼각건으로 환부를 고정하는 방법 등 비상시에 유용한 구호 방법을 체험할 수 있다.

멀티미디어 학습 코너

컴퓨터나 터치스크린 등을 사용해서 방재 정보를 얻을 수 있다.

강풍 체험

강풍 발생 장치로 강풍에 맞서 행동하는 일이 얼마나 힘든지 체험할 수 있다.

문 개방 체험

지하실 등이 침수됐을 때 문을 여는 것이 얼마나 어려운지 물의 무서움을 체험할 수 있다.

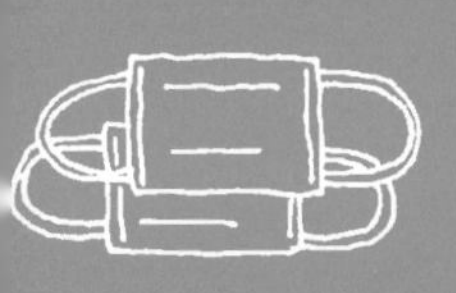

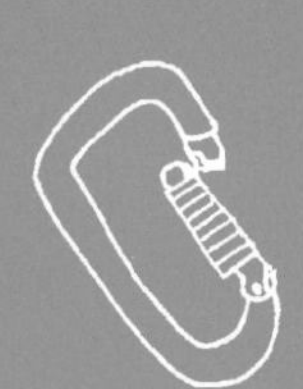

Chapter 4

지진과 2차 재해에 대응하는 매뉴얼

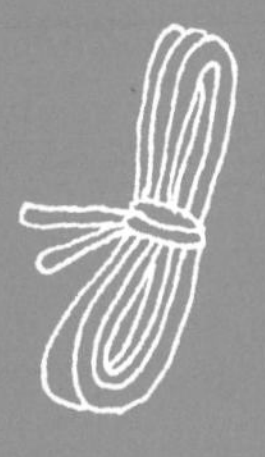

도시나 산, 바다, 강 등 지진을 겪는 장소에 따라 2차 재해에 대처하는 방법이 달라진다. 살아남기 위해서 온 가족이 함께 알아두어야 할 또 다른 주의사항은 무엇일까?

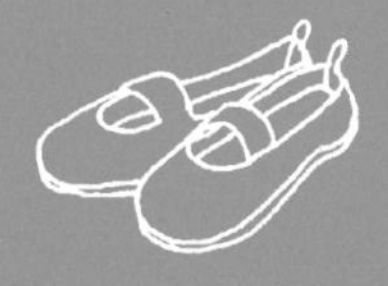

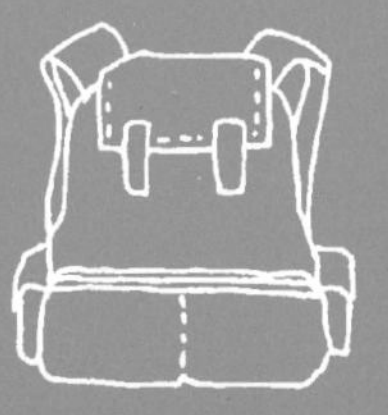

30

갑자기 건물이 심하게 흔들렸을 때의 기본 행동

➔ 우리 집에서는 식탁 의자와 거실에 쿠션을 놓고 TV 옆에는 여름에도 담요를 올려놓고 있다. 이 물건들은 비상시에 낙하물로부터 머리를 보호하기 위한 완충재 역할을 해주기 때문이다. 평소 아이들에게 진동이 느껴지면 옆에 있는 담요나 쿠션으로 머리를 보호하고 '공벌레 자세'를 취하라고 일러두자. 이 자세는 낙하물로부터 머리를 보호하는 데 매우 효과적이다.

만일 떨어진 장소에 아이가 있어도 이름을 계속 부르는 행동은 굉장히 위험하다. 아이는 이름을 부르면 주위 상황도 아랑곳하지 않고 엄마에게 오려고 하기 때문이다. 또한 이럴 때는 엄마도 함부로 움직이면 안 된다.

갑자기 심하게 흔들리면?

2. 머리를 보호한다

이불이나 쿠션, 가방 등을 머리 위에 얹어서 보호한다.

1. 위험한 물건에서 멀리 떨어진다

주위를 둘러보고 가구나 쓰러진 물건, 낙하물 등에서 멀리 떨어진다.

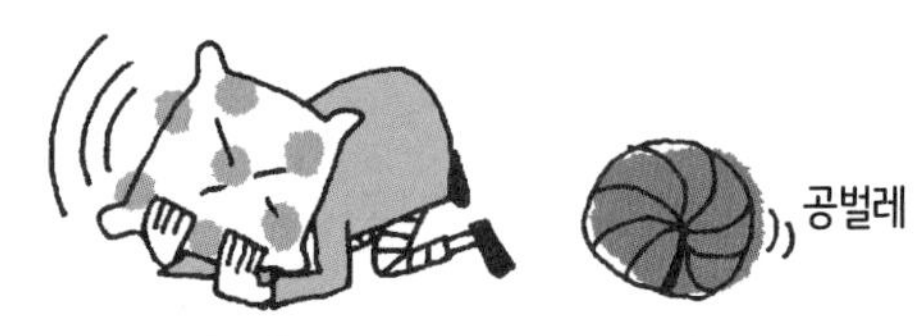

3. 공벌레 자세를 취한다

머리를 보호한 상태로 머리와 무릎을 바닥에 대고 몸을 웅크린다. 머리를 감싸서 몸을 둥글게 말라고 설명하는 것보다 아이가 훨씬 쉽게 이해한다.

진동이 가라앉으면?

1. 자신의 상처를 확인한다

일단 자신이 다치지 않았는지 온몸을 확인한다. 다쳤으면 지혈 등의 처치를 한다.

2. 신발을 신는다

실내에 있을 경우에는 여기저기 돌아다니기 전에 신발이나 실내용 슬리퍼를 신는다. 유리 파편이 사방으로 흩어진 경우가 있으니 바닥이 두꺼운 것을 선택한다.

3. 가족의 상처를 확인한다

아이를 포함해서 가족이나 주위에 있는 사람 중에 다친 사람이 없는지 확인한다. 다쳤으면 응급 처치를 한다.

4. 화기를 확인한다

가스 불을 켜놓은 상태일 때 지진이 일어나더라도 당황하지 말자. 불을 끄기 힘들 경우에는 진동이 가라앉은 후에 끄도록 하자.

5. 초기 진화

화재가 발생하면 즉시 불을 끈다. 잘 보이는 장소에 소화기를 준비해놓으면 초기 진화에 도움이 된다.

6. 대피 경로를 확보한다

문을 열고 대피로를 확보한다. 가능하면 베란다와 현관 등 두 방향으로 대피할 수 있도록 해놓는 것이 좋다.

31

엘리베이터는 이용하지 않는다

➡ 일본 국토교통성의 조사에 따르면 동일본 대지진으로 미야기, 아키타, 도쿄 등 15개 지역에서 적어도 207대의 엘리베이터에 사람이 갇히는 사고가 발생했다고 한다.

최신 엘리베이터 중에는 지진이 일어났을 때 작동하는 '관제 운전 장치'가 설치되어 있는 것도 있어서 진동을 감지하면 엘리베이터가 가장 가까운 층에서 자동으로 멈추며, 문은 수동이나 자동으로 열린다.

일본 정부는 2009년 9월에 시행된 '개정 건축기준법'에서 모든 엘리베이터에 관제 운전 장치 설치를 의무화했다. 그러나 현재 일본에서 작동하는 엘리베이터의 약 95퍼센트에 해당하는 65만 대가 미설치 상태다. 그중에서 아파트의 엘리베이터는 20만 대에 달한다고 한다. (한국은 높이 31m 이상의 고층 건물 엘리베이터에 관제 운전 장치의 설치를 의무화하는 법안이 2017년 1월에 발의되었다.)

그렇게 생각하면 지금으로서는 지진이 일어나면 엘리베이터를 절대로 타지 말고, 계단이나 비상계단을 사용해 대피하는 게 훨씬 현명하다. 만일 엘리베이터를 탄 상황에서 큰 진동이 느껴지면 침착하게 대처하자. 아파트에 사는 사람은 자신이 이용하는 엘리베이터에 관제 운전 장치가 설치되어 있는지 관리사무소 또는 입주자 대표회의에 확인해볼 것을 추천한다. 설치되어 있지 않은 경우에는 즉시 대처할 수 있도록 교섭해보자. 대부분의 아파트에서는 매달 엘리베이터 정기 점검이 실시되고 있으므로 관리 직원에게 궁금한 점을 물어보는 것도 좋다.

엘리베이터에서 진동이 느껴지면?

자동 착상 장치가 작동하면 가장 가까운 층에서 멈추지만, 그렇지 않을 경우를 대비해서 모든 층의 버튼을 누른다.

엘리베이터가 멈추면?

비상용 호출 버튼이나 인터폰으로 도움을 청한다. 엘리베이터 안에 있는 인터폰으로 서비스 회사에 연락하면 어느 빌딩의 어느 엘리베이터인지 알 수 있어서 구조원이 파견된다.

인터폰 연결이 안 되면?

엘리베이터 안에 표시되어 있는 관리회사나 소방서에 휴대전화로 연락한다.

엘리베이터 안에 갇히면?

엘리베이터에 갇히면 장기전이 될 수도 있다고 각오하고 바닥에 앉아서 체력을 보존한다. 무엇보다 혼란에 빠지지 않도록 침착하게 행동해서 동승한 사람들과 서로 대화하도록 하자.

비축 상자를 찾아보자

엘리베이터에 물, 비상식량, 라디오, 담요 등이 마련되어 있는 경우가 있다. 구호물자를 꺼낸 후에는 비축 상자 본체를 화장실로 사용할 수 있게 만들어져 있다. 평소에 사용하는 엘리베이터에 비축 상자가 있는지 확인해놓자.

비상계단을 이용할 때의 규칙

1. 대피할 때는 재해 시 지원이 필요한 사람을 우선적으로 돕는다

부상자, 영유아, 고령자, 장애인 등의 대피를 도와주자.

2. 비상계단의 통행 방향을 엄수한다

통행 방향을 정해놓으면 내려가는 사람과 올라가는 사람의 혼란을 방지할 수 있다.

3. 비상계단에서는 손전등을 휴대한다

비상등으로는 충분하지 않으므로 발밑을 살피기 위해서라도 손전등이 필요하다.

32

불은 내지도 말고 퍼뜨리지도 말자

➔ 일본 총무성 소방청의 조사에 따르면 동일본 대지진 때 화재 324건이 발생했으며 절반 정도는 쓰나미에 휩쓸린 지역에서 일어났다고 한다. '침수된 동네에서 왜 화재가 일어났을까?'라고 의아하게 생각할 수 있는데, 차량에서 유출된 휘발유나 항만시설에서 흘러나온 연료 등이 시가지로 떠내려 와서 어떤 원인으로 불이 붙어 번졌기 때문이다. 침수 지역의 화재 소실 면적은 약 65헥타르에 달했으며 고베 대지진에서 소실된 면적과 거의 비슷했다고 한다.

화재 원인은 부엌에 있다고 쉽게 여기는데 대부분의 원인은 일시적으로 정전되었다가 복구됐을 때 일어나는 '전기 화재' 때문이다. 좀처럼 하기 힘든 일이지만 지진이 일어난 직후에는 차단기를 내리고 손전등을 사용해서 지내는 것이 가장 좋다. 특히 집에서 멀리 대피할 때는 집에서 나오기 전에 반드시 차단기를 내렸는지 확인하는 것을 잊지 말자.

도시에서는 작은 화재가 '화재선풍'으로 발전하는 경우가 있다. 화재선풍은 초고온의 화염 회오리로, 한 번 일어나면 불을 끌 수가 없다. 따라서 초기 진화가 가장 중요하다.

집에서 불조심하고, 동네에서 화재를 발견했을 때는 주위 사람들과 협력해서 진화해야 한다는 것을 늘 명심하자.

화재를 내지 않으려면?

진동이 가라앉은 후에 불을 끄도록 한다

불을 사용하고 있을 때 지진이 일어난 경우에는 가장 먼저 불을 끄면 좋지만, 불을 끌 수 없는 상황인데 흔들리는 도중에 무리하게 불에 다가가는 것은 위험하다. 일단 진동이 가라앉을 때까지 기다리자.

일단 신변의 안전이 가장 중요하다!

화재 확대를 방지하려면?

가스 밸브를 잠근다

지진이 발생하면 도시가스는 자동으로 가스 공급을 차단하는 안전장치가 설치되어 있는 경우가 많지만, 너무 과신하지 말고 가스 밸브를 확실히 잠그자.

전기 차단기를 내린다

지진이 일어난 후 일시 정전된 경우에는 전기가 복구됐을 때 화재가 일어날 가능성이 있으므로 반드시 차단기를 내리도록 하자.

근처에서 화재가 발생하면 협력해서 불을 끈다

대피하는 도중에 화재 현장을 발견하면 진화 작업에 참여한다. 소방대원에게 맡기고 싶어도 큰 재해가 일어났을 때 소방차가 즉시 온다고 장담할 수 없다. 초기 진화가 중요하므로 이웃 사람들과 협력해서 불을 끈다.

화재로부터 대피할 때는?

화재가 발생했을 때는 불보다 연기가 더 무섭다. 연기에는 유독가스, 일산화탄소 등이 포함되어 있어서 들이마시면 몸이 무거워지거나 기관지 및 폐에 화상을 입어서 호흡 곤란을 일으킨다. 또 의식불명 상태가 되어 죽을 수도 있다. 살아남으려면 연기를 들이마시지 않고 대피하는 방법이 가장 중요하다.

1. 연기가 덜 찬 상태일 경우에는 전속력으로 도망친다.

2. 유색 연기로 가득 차면 낮은 자세로 바닥을 기어가듯이 대피한다.

3. 입과 코를 손수건이나 옷으로 막고 연기를 들이마시지 않도록 한다.
젖은 수건 등으로 입과 코를 덮으면 훨씬 더 효과적이다.

33

되도록 밖에 나가지 말고 무리하게 귀가하지도 말자!

➡ 동일본 대지진이 일어난 후 일본 내각부는 수도권에 사는 5,400명을 대상으로 설문조사를 했다. 이를 바탕으로 당시 '귀가하는 데 곤란했던 사람'이 얼마나 되는지 추정해봤더니 도쿄, 가나가와, 지바, 사이타마, 이바라키 지역을 합쳐서 약 515만 명에 달했다. 이번에 무사히 귀가했다고 해서 다음에도 반드시 괜찮을 것이라고 장담할 수 없다.

대도시에서 지진이 크게 일어나면 도로와 다리가 붕괴되어 차도에는 사람으로 넘쳐날 것이다. 옴짝달싹 못하는 상황에 화재나 여진 등 2차 재해가 발생하면 많은 사람들이 목숨을 잃고 만다. 사람들이 도미노가 넘어지듯이 우르르 쓰러져 큰 피해가 일어나기도 한다. 이렇듯 처음에 발생한 지진에서 살아남더라도 2차 재해로 목숨을 잃을 가능성이 있다.

대지진이 일어나면 절대로 무리하게 귀가하지 않아야 한다. 귀가하다가 곤란에 빠지지 않기 위해서라도 지진 후에는 학교나 직장에서 함부로 이동하지 말고 일정 기간 머물도록 하자.

지진이 발생한 후 동네에는 위험이 잔뜩 도사리고 있다!

34

액상화 현상이 발생하면?

➔ 동일본 대지진에서는 도쿄 연안의 매립지와 도네가와 강변 등을 중심으로 과거 최대급인 액상화 현상이 발생했다. 지바현에서만 피해가 42,467세대에 달했다.

액상화는 지진의 진동으로 지반의 모래 알갱이가 지하수와 섞여서 흙탕물처럼 변하는 현상을 말하며 바다나 강 근처의 무른 지반에서 잘 일어난다. 집이 기울고 지면으로 가라앉는 등 건물 피해를 비롯해서 지반 함몰 및 지반 침하를 일으키는 경우도 있다.

매립지, 하천이나 해안가, 하구부에 사는 사람은 긴급 대피 경로도로 위험에 대비해놓자. 한 번 액상화가 일어난 지반은 다음 지진 때 다시 액상화 현상이 나타날 확률이 높으니 주의해야 한다.

도로가 흙탕물로 전부 뒤덮였을 때 밖에 나가는 것은 위험하다. 도로의 균열, 함몰, 돌출을 눈치채지 못해서 부상당할 우려가 있기 때문이다. 액상화 현상이 발생하면 집에 머물고 최대한 위층으로 대피하자.

액상화 현상 때문에 생활 유지 시설이 입는 피해도 심각하다. 이바라키현에서는 동일본 대지진 때 정수장이 피해를 입어서 약 28,000세대가 최장 한 달 동안 단수됐다. 또 1995년 고베 대지진 때는 생활 유지 시설과 교통망이 군데군데 끊겨서 고베 포트아일랜드와 롯코아일랜드가 장기간 고립됐다. 액상화 현상이 발생하면 지원도 받기 힘들어지므로 장기간 집에 머물 수 있는 준비를 해놓는 것도 중요하다.

액상화로 이런 일이 일어난다

● 아스팔트에 균열이 생긴다.

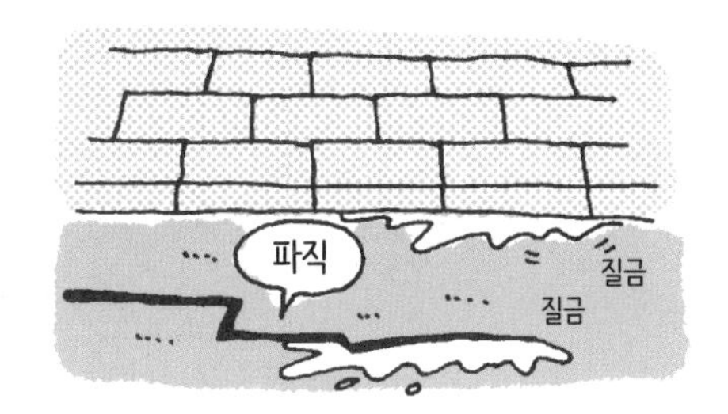

● 집이나 건물이 한쪽으로 기운다.

● 맨홀이 지면 위로 쑥 튀어나온다.

● 도로가 함몰되고 일그러진다.

● 지반 침하가 일어난다.

● 도로가 군데군데 끊긴다.

● 상점들이 장기간 휴업한다.

● 생활 유지 시설이 차단된다.

35

화산이 분화하면?

➜ 동일본 대지진이 발생한 후 홋카이도에서 규슈에 걸친 20개의 화산에서 지진에 따른 화산 활동이 활발해졌다. 지진이 발생한 직후에 상태가 이상해졌지만 분화로 이어지지는 않았다.

화산과 지진의 관계는 옛날부터 지적되었는데, 예를 들어 후지산의 분화는 1707년의 '호에이 지진', 1854년의 '안세이 지진'과 이어져서 발생했다. 호에이 분화로 날아온 화산재는 도쿄에서도 발견되었다. 후지산이 분화하면 도쿄와 가나가와에까지 피해를 미칠 가능성이 충분하다.

일본에는 활동 정도가 높다고 판단되는 활화산이 49개나 있다. 화산 분화 시 사용하는 긴급 대피 경로도는 화산의 위치뿐 아니라 분화할 때 용암류, 화쇄류, 화산재 등이 어디까지 도달할지 그 범위도 알려준다.

2000년 6월에 발생한 미야케섬의 대분화는 두 달이나 지속되어 섬 안이 화산가스로 뒤덮였다. 섬 주민 3,800명은 혼슈로 전부 대피했으며 대피 생활은 4년 반에 달했다. 2005년부터 주민들이 섬으로 돌아가기 시작했지만, 여전히 화산가스가 방출되는 지역도 있어서 조례로 가스 마스크 휴대가 의무화되었다. 화산은 한 번 분화하면 수습될 때까지 시간이 걸린다. 대피 생활도 장기화할 가능성이 있다.

한국도 최근 백두산 분화를 걱정하고 있다. 언제 어느 정도의 규모로 분화할지 아직 알 수 없지만 여러 징후가 심상치 않기 때문이다. 백두산이 분화하면 한국에 약 11조원의 재산 피해를 줄 수 있다는 연구가 있다.

화산 분화에 대비하자

긴급 대피 경로도로 거주 지역의 피해 예측을 확인한다

긴급 대피 경로도에는 용암류, 화산재, 화산 자갈 등이 도달하는 범위가 예상되어 있다. 또한 과거에 분화가 일어났을 때 실제로 용암이 흘러나온 범위가 표시되어 있는 화산 실적도(재해 위험도 지도)도 확인해서 분화 시의 대피처와 행동을 정해놓자. 긴급 대피 경로도는 가까운 지방자치단체의 읍면동 사무소나 홈페이지 등에서 얻을 수 있다.(⇨ 34쪽)

화산 분화가 일어나면?

대피 경고, 대피 지시를 따른다

분화할 우려가 있거나 분화한 경우에는 기상청에서 발표하는 화산 정보를 주목한다. 정부에서 대피 권고나 대피 지시 등을 내리면 즉시 대피할 수 있도록 준비해놓자.

차는 최대한 타지 않는다

차로 대피하면 화산재를 뒤집어써서 시야가 나빠지거나 미끄러지기 쉽다. 또한 비가 내리면 와이퍼를 쓸 수 없어서 위험하다. 고속도로는 통행이 불가능할 수 있다.

화산재를 뒤집어쓰지 않도록 주의한다

외출할 때는 화산재를 들이마시지 않도록 마스크나 고글을 착용하고 헬멧도 쓰자. 창문을 닫아서 건물을 밀폐하는 것도 잊지 말자.

화산이 분화하면 이런 사태가 벌어진다

용암류가 흘러내린다

지상으로 나온 마그마를 용암이라고 하며 이 용암이 분화구에서 흘러나오는 것을 용암류라고 한다. 용암은 고온(약 1,000℃)으로 흐르면서 나무나 가옥 등을 파괴하고 불태운다. 용암은 식어서 굳으면 바위가 되기 때문에 논밭이나 도로도 못쓰게 된다.

화쇄류가 흘러내린다

분화구에서 나오자마자 섭씨 수백 도의 용암이나 고온의 화산가스, 화산재 등이 섞여서 시속 100킬로미터를 넘는 속도로 흐른다. 고온과 가스 때문에 휩쓸린 사람은 즉사하고 만다.

화산재가 떨어진다

화산재가 논밭으로 떨어져서 쌓이면 작물이 말라죽으며, 대량으로 쌓이면 집이 무너진다. 화산재가 쌓인 곳에 비가 내리면 토석류(홍수로 산사태가 나서 진흙과 돌이 섞여 흐르는 물)가 발생할 우려도 있다.

화산가스가 발생한다

유독한 황화수소와 이산화황가스가 발생하여 들이마시면 사망할 위험성이 있다. 이즈 제도 미야케섬의 분화는 2000년부터 지속됐는데, 분화가 가라앉은 지금도 가스 때문에 대피를 면치 못하는 사례가 있다.

화산 자갈이 떨어진다

커다란 돌은 분화구에서 2킬로미터 이내에 떨어지는데, 작은 돌은 멀리까지 날아가는 경우가 있어서 가옥의 지붕이나 창문을 부술 때도 있다. 크기가 작은 돌멩이라도 맞으면 치명적이다.

산에서 거리가 멀어도
영향이 있다!

화산이류가 발생한다

분화할 때 나온 화산재나 돌 등이 지하수와 강물에 섞여서 산 밑으로 흘러온다. 온도가 높아지는 경우가 많아서 열이류라고도 한다.

화산성 쓰나미가 발생한다

분화할 때 무너진 흙이나 화쇄류가 바다로 엄청나게 떨어져서 화산성 쓰나미가 발생할 수도 있다.

36

토사 재해가 일어나면 옆으로 피한다

➔ 일본 국토교통성의 조사에 따르면 동일본 대지진과 그 여진으로 벼랑이 무너지거나 산사태, 토석류 등이 일어난 토사 재해가 122건이나 발생했으며, 19명이 희생당했다고 한다. 또한 지진이 일어난 후에 경사면이 붕괴되거나 균열 등이 생긴 장소가 동일본에서 1,050군데 이상 발견됐다.

지진이 발생하면 지반이 약해지므로 땅이 흔들린 직후에 비가 오면 토사 재해를 신경 쓰자. 특히 산간 지역에서는 평소에 긴급 대피 경로도 등으로 위험한 부분이나 구역을 확인하고 대피 장소 및 대피 경로를 생각해놓아야 한다. 지진 재해가 일어난 직후에는 기상청과 지방자치단체의 정보에 주의를 기울이고 위험이 느껴지면 서둘러 대피하자.

하지만 토사는 위에서 아래로 흘러내리기 때문에 위쪽이나 아래쪽으로 대피하면 안 된다. 휩쓸릴 우려가 있으니 토사 재해로부터 몸을 지키려면 '옆으로 피하는' 것이 철칙이다.

이런 징후가 보이면 주의하자

● 격한 땅울림이나 산울림이 이어진다.

● 비가 계속 내려도 강의 수위가 낮아진다.

● 위에서 작은 돌이 계속 조금씩 떨어진다.

● 벼랑 경사면 곳곳에 균열이 생긴다.

● 벼랑 경사면 등에서 물이 나오기 시작한다.

● 지면에 균열과 움푹 팬 곳이 생긴다.

● 지하수나 용수가 멈춰서 안 나온다.

● 우물물과 골짜기의 물이 점점 탁해진다.

37

쓰나미가 발생하면 가족은 신경 쓰지 말고 '혼자라도 고지대로' 대피한다

➜ 동일본 대지진의 진원은 미야기현의 오시카 반도 앞바다 약 13킬로미터로, 일본 기상청은 지진 발생과 거의 동시에 반도 주변에서 소규모 쓰나미의 제1파를 관측했다. 대규모 쓰나미 경보가 발표되기 3분 전의 일이었다. 최대파가 도호쿠 연안부를 습격한 것은 그로부터 30분 후였으며, 동일본 대지진에서는 제2파, 3파로 피해가 확대됐다.

쓰나미의 속도는 수심 5천 미터에서 시속 약 800킬로미터인데 거의 제트기의 속도로 육지를 향해 온다. 수심이 얕아질수록 속도가 느려지지만, 그래도 수심 100미터에서 시속 약 110킬로미터, 수심 10미터에서 시속 약 36킬로미터에 달한다.

도쿄대학교의 조사에 따르면 미야기현 오나가와초의 3층짜리 빌딩에 쓰나미가 도달한 후 파도 높이가 15미터에 달하기까지 불과 4분밖에 안 걸렸다고 한다. 이렇듯 쓰나미가 밀려오는 모습을 보고 나서 움직이기 시작하면 도망칠 시간이 턱없이 부족하다. 따라서 해안이나 연안부에서 지진이 일어나면 한시라도 빨리 더 높은 곳으로, 좀 더 높은 층으로 도망치자.

세계 최대의 기상정보회사 (주)웨더뉴스가 쓰나미 피해자에게 실시한 설문조사를 보면 사망한 사람의 60퍼센트가 안전한 장소로 대피한 후 다시 위험한 장소로 이동했다는 사실도 알 수 있다. 대부분의 이유가 '가족을 찾기 위해서'였다.

옛날부터 쓰나미 재해에 시달려온 산리쿠 지방에는 '쓰나미 덴덴코'라는 말이 전해 내려온다. 쓰나미가 발생하면 가족은 신경 쓰지 말고 각자 뿔뿔이 흩어져서 고지대로 피하라는 뜻이다. 자신의 목숨을 스스로 지키는 것이야말로 가족을 위한 길이기도 하다는 것을 명심하자.

쓰나미로부터 살아남으려면?

한시라도 빨리 대피한다

다른 사람의 지시를 기다리지 말고 한시라도 빨리 뛰어서 도망친다. 이것저것 준비할 시간이 없다. 여러 가지 물건을 들고 가고 싶은 마음은 알겠지만 최소한의 귀중품만 들고 대피하자. 촌각을 다투는 사태임을 잊지 말자.

조금이라도 높은 곳으로 대피한다

대피하는 장소는 도망칠 수 있는 한 1미터라도 더 높은 곳이어야 한다. 사전에 연안부의 쓰나미 대피 빌딩이나 쓰나미 대피소로 지정된 빌딩을 확인해놓고 5층 이상으로 대피하자.

괜찮다는 확신을 버린다

해안에 있는 마을에서는 과거에 발생한 쓰나미의 도달점, 침수 예상 지역 등이 표시되어 여러 가지 형태로 경고하고 있다. '이런 곳까지 올 리가 없을뿐더러 온 적도 없어.' '제방이 있으니까 괜찮아.'라는 확신은 버리자.

강에도 쓰나미가 온다

미야기현 이시노마키시에서는 해안에서 약 12킬로미터 떨어진 내륙까지 강이 역류하여 쓰나미가 도달했다. 또한 높은 제방 때문에 강이 역류하는 모습이 보이지 않아 대피 경로에서 벗어난 비극도 일어났다. 해안선이 아니라도 물 근처에서는 주의해야 한다.

대피할 때 차는 이용하지 않는다

동일본 대지진에서는 차를 이용해서 고지대로 대피하려고 한 사람들이 도로로 쏟아져 나왔다. 도로 정체가 심했는데 그곳으로 쓰나미가 덮치는 바람에 차량이 통째로 쓰나미에 휩쓸려 많은 희생자를 냈다. 대피할 때는 차량 이용을 삼가자.

일단 대피하면 돌아가지 않는다

동일본 대지진 때 발생한 쓰나미는 제1파가 물러간 후 가족을 찾으러 가거나 집 상황을 살피러 갔다가 많은 사람들이 제2파의 희생양이 되었다. 쓰나미는 반복해서 밀려온다. 파도가 한 번 물러갔다고 해서 멋대로 판단하지 말고 쓰나미 경보가 완전히 해제될 때까지 안전한 장소에서 머무르자.

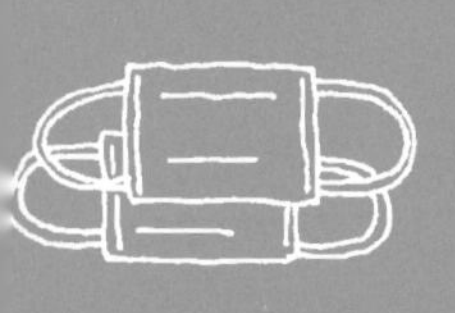

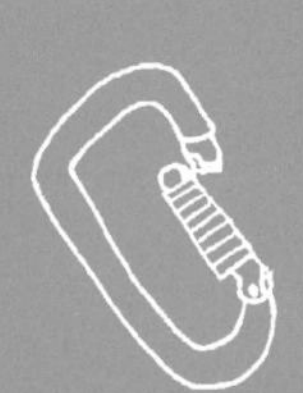
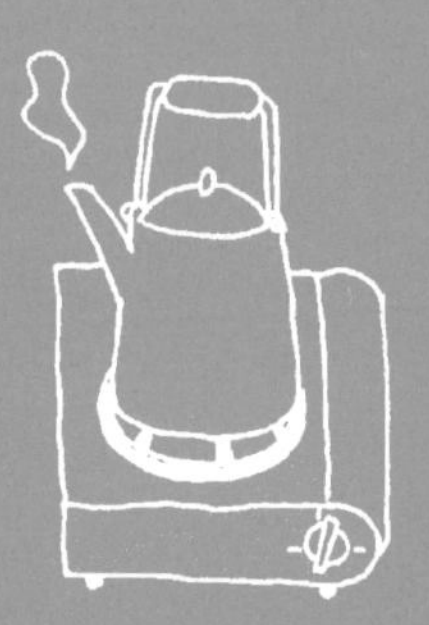

Chapter 5

지진이 일어난 후의 생활 규칙

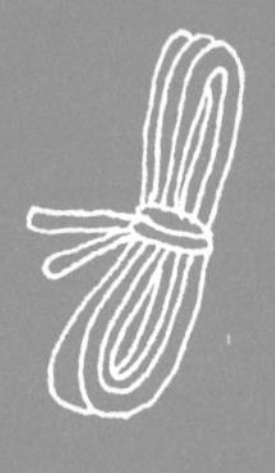

대피소에서 생활할 때 주의해야 할 점, 애완동물 문제, 주위 사람들과의 다툼 회피, 마음에 상처를 입은 아이들을 치유하기 등 지진이 일어난 후의 생활로 생기는 스트레스를 조금이라도 줄이기 위한 방법을 알아두자.

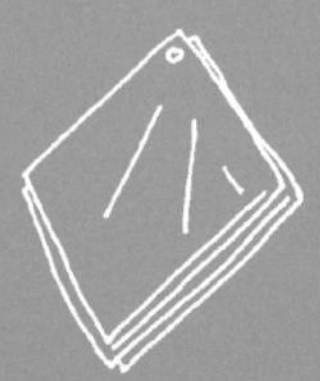
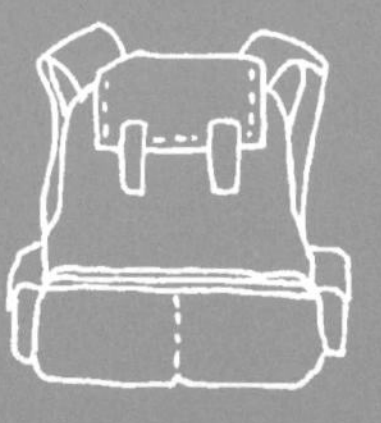

38

대피소에서 지내게 될 경우

➔ 피해가 적고 집에서 체류 생활이 가능하더라도 화재나 가스 폭발, 쓰나미, 액상화 현상 등 2차 재해가 발생할 우려가 있는 경우에는 일단 대피소로 대피하자. 특히 재해가 발생한 후 24시간 동안은 무슨 일이 일어날지 아무도 모른다. 2차 재해가 발생할 우려가 있는 지역에서는 집에 머물러도 지방자치단체가 발표하는 재해 정보나 현황을 얻을 수 없으므로 자발적으로 대피하도록 하자. 이때 소지품에 주의해야 한다. 재해가 발생한 당초의 대피소는 매우 혼잡하기 때문에 비상 소지품 가방처럼 큰 짐을 들고 가면 민폐다. 짐을 놓을 공간이 있을 경우에는 아이나 노인을 한 명이라도 더 많이 앉혀야 하는 현장 상황도 고려해서 방재 조끼, 헬멧, 가죽 장갑을 착용하는 정도로 그치는 것이 좋다.

온 가족이 모이지 않은 경우에는…

갈 곳을 적은 메모를 남겨놓고 대피한다

가족이 있는 장소를 알려주는 메모를 붙여놓으면 다음 행동을 취하기 쉬워진다. 하지만 메모를 현관문에 붙이는 것은 좋지 않다. 아무도 없는 것을 알면 외부인이 침입할 위험이 높아진다. 사전에 가족끼리 정해놓은 개집 안이나 우체통 속 등 외부인의 눈에 보이지 않는 곳이 가장 좋다. 현관문에는 '이 집의 주인은 무사합니다.'라고 안부 정보를 붙인다.

대피하기 전에 해놓아야 할 일

가스, 수도의 밸브를 잠근다

어쩌다 잘못해서 스위치나 핸들이 켜지더라도 밸브를 잠가놓으면 안전하다.

차단기를 내린다

오랜 정전 후에 전기가 복구되면 집 안의 전원이 한 번에 작동해서 합선될 수도 있다.

플러그를 콘센트에서 뽑는다

전기가 복구됐을 때의 합선을 방지한다. 평소에 플러그를 뽑아놓는 습관을 들여야 한다.

냉장고 안을 정리한다

전원이 꺼졌을 때 부패하기 쉬운 것은 처분한다. 얼음도 녹으면 물이 새어나오니 버리자.

욕조 물을 빼 놓는다

물은 세균이나 곰팡이의 온상이므로 물을 빼 놓으면 냄새도 줄일 수 있다.

깨진 창문을 막는다

창문이 깨지면 비닐봉지와 접착테이프를 사용해서 구멍을 막는다. 가구로 막아도 된다.

커튼을 닫는다

커튼과 블라인드는 실내가 보이지 않도록 확실히 닫는다.

문을 잠근다

마지막에 반드시 문을 잠근다. 방범한다는 의미에서 집 전체의 문단속을 확실하게 했는지 확인한다.

39

애완동물과 대피하기

'펫 종합연구소'가 실시한 '애완동물을 위한 방재'에 관한 설문조사에 따르면 재해가 발생할 경우를 가정해서 아무런 대책을 세우지 않았다는 사람이 44퍼센트에 달했다. 애완동물은 가족의 일원이므로 '지진이 일어났을 때 애완동물을 어떻게 할 것인가'에 관해서는 온 가족이 함께 생각해놓아야 한다. 특히 강아지나 고양이는 소리에 민감하다. 가구를 확실히 고정해놓으면 가구가 쓰러졌을 때의 큰 소리로 혼란해지는 일이 없다.

또한 대피로를 확보하기 위해서 문을 열면 애완동물이 밖으로 튀어나갈 수도 있다. 특히 고양이는 소란스러울 때 이곳저곳으로 뛰어올라가는 습성이 있으니 물건이 쓰러지지 않도록 한다.

지진이 일어난 후에는 사료도 품귀 현상을 일으키므로 가능한 한 한 달치를 비축해놓으면 좋다.

대피소를 돌아다녀보면 '애완동물이 옆에 있어준 덕택에 마음이 치유됐다'는 사람도 있다. 하지만 한편으로는 울음소리나 냄새, 배변 처리를 둘러싼 마찰도 끊이지 않는다. 아무런 준비도 하지 않고 애완동물을 대피소로 데리고 가는 행동은 금물이다.

평소에 대피소 생활을 가정해서 '교육'을 철저히 시키고 신원 표시를 해놓자. 물이나 사료, 목줄이나 케이지 등의 방재 용품을 상비해놓는 것도 중요하다.

또한 애완동물을 기르는 친척이나 친구 중에 피해를 입지 않은 사람에게 애완동물을 맡기도록 서로 협조하는 약속을 해놓으면 좋다.

동일본 대지진에서는 살 곳을 잃고 주인과 떨어진 애완동물, 주인이 방치한 애완동물이 큰 문제가 되었다. 피해를 입은 대부분의 동물은 쇼크로 신경이 예민해진 탓에 보건소 직원이 흥분한 개에게 손을 물리는 사례도 많이 볼 수 있었다. 따라서 재해 발생 시 애완동물과의 생활까지 진지하게 생각한 후에 애완동물을 기르기를 진심으로 바란다.

애완동물을 대피소에 데리고 갈 경우

애견 등록표, 신원 표시를 붙여놓는다

거주하는 지방자치단체에 등록하고 신원 표시를 위해 이름표를 붙인다.

평소에 확실히 교육시켜 놓는다

짖지 않고 얌전히 지내도록 교육하고, 케이지에 넣는 훈련을 해놓자.

비상용 비품을 준비해놓는다

사료, 물과 용기, 목줄(리드줄), 휴대용 애견 케이지, 용변 등의 오물 처리도구, 상비약, 각종 예방접종 기록 등은 확실하게 준비해놓자.

고양이는 세탁망에 넣어도 좋다

흥분한 고양이를 캐리어에 억지로 넣으려고 하면 불안해져서 도망칠 수도 있다. 그럴 때는 고양이를 세탁망에 넣은 후에 캐리어에 넣는 방법도 효과적이다.

40

대피소에서 일어날 수 있는 범죄를 방지하려면?

➡ 동일본 대지진이 일어난 후 수백 명이 지내는 대피소에서 생활하던 한 남성이 친척에게 새 여름 이불 세 상자를 받았는데, 정신을 차려보니 한 상자밖에 남아 있지 않았다고 한다. 그 남성은 이렇게 말했다.

"분명히 이 대피소에 있는 사람이거나 구호물자를 받으러 온 주민일 겁니다."

대피소에는 보안 상자 등이 당연히 없으므로 귀중품은 각자 관리해야 한다. 복대에 넣어서 몸에 늘 지니고 다녔는데도 아침에 눈을 떠보니 복대가 통째로 사라졌다는 이야기도 종종 들었다. 난로나 차량에서 연료를 뽑아가기도 하고 대피한 사이에 빈집이 털리는 등 피해자는 이중 삼중의 고통을 겪었다.

친척인 척하며 아이나 여성을 데려가는 사건과 성적 피해도 많이 발생했다. 이렇게 범죄가 많이 발생하면 자치회나 운영위원이 움직이는 것은 자연스러운 과정이다. 칸막이를 하거나 어두운 장소를 만들지 않도록 곳곳에 조명을 달고, 교대로 대피소 안을 순찰하는 등 방법은 다양하다. 모두 함께 지혜를 모아서 대책을 마련하고, 대피소에서 지내는 동안 범죄 및 분쟁을 조금이라도 줄일 수 있도록 협력하자.

이런 일에는 주의하자!

● **혼자서 행동하지 않는다.**

● **화장실은 누군가와 함께 간다.**

● 사람이 없는 곳에 가지 않는다.

● 야간에는 행동하지 않는다.

● 야간에는 조명을 착용한다.

● 방범 경보기를 휴대한다.

● 귀중품은 몸에 늘 지니고 다닌다.

● 현금은 들고 다니지 않는다.

● 돈 이야기는 하지 않는다.

● 자원봉사자의 신원을 확인한다.

41

물이 없더라도 위생적으로 지내려면?

➜ 일본 국토교통성의 조사에 따르면 동일본 대지진이 일어났을 때 약 230만 세대의 주택에서 수도가 끊겼다고 한다. 수도가 끊기면 양치질을 하거나 물로 입안을 충분히 헹굴 수 없다. 그래서 입안 상태가 악화되어 충치가 늘어나고 인플루엔자에 감염되는 등 문제가 일어난다.

더욱 심각한 것은 입안에서 번식한 잡균이 기관지로 들어가서 발생하는 '오연성 폐렴'이다. 고베 대지진 때는 지진 재해 관련 사망자 922명 중 223명이 폐렴으로 사망했는데, 대부분이 오연성이라고 보고 있다.

또한 아파트에서의 하수도 주의해야 한다. 지진이 일어난 후 센다이시에 있는 아파트의 1층 화장실에서 큰 소리가 났다. 이상하게 여긴 집주인이 문을 열자 무려 80세대 분량의 오물이 분출했다고 한다. 배수 설비가 파열됐는지 하수가 막혔는지 모르는 위층 주민이 욕조에 남은 물로 화장실 오물을 흘려보내는 바람에 발생한 일이었다.

욕조에 물을 저장해놓고 그 물을 용변을 흘려보낼 때 사용하려고 하는 사람도 많을 텐데, 아파트의 경우에는 재해가 일어나면 물을 한 방울도 흘려보내면 안 된다. 피해가 없는 것처럼 보여도 배관에 손상이 발견되는 경우가 있다. 건물 전체의 배관이 무사한 것을 확인하기 전까지는 물 한 방울도 흘려보내면 안 된다고 인식하기 바란다.

또 물 처리와 동시에 쓰레기 처리가 큰 문제가 된다. 재해가 발생하면 수거차가 오지 않기 때문에 쓰레기가 쌓여만 간다. 단수되면 물도 흘려보낼 수 없어서 개개인의 배설물까지 쓰레기가 된다. 그 결과 사방에 음식물 쓰레기, 오물이 넘치도록 쌓여서 그 악취가 주위로 퍼진다. 이 냄새로 신경쇠약에 걸리는 사람도 있다고 한다. 게다가 정전으로 냉방이 안 돼서 창문을 열어야 하는 여름철에는 더욱 가혹하다. 이렇듯 재해가 발생했을 때는 쓰레기 냄새를 완벽하게 차단할 아이디어가 필요하다.

치아를 청결하게!

물티슈로 닦아낸다

양치질을 할 수 없을 때는 물티슈 등을 손가락에 감아서 오물을 제거한다. 표면이 울퉁불퉁한 그물코 구조라서 깨끗해진다.

면 칫솔로 이를 닦는다

칫솔모 사이에 있는 면이 침을 흡수해서 오물을 흡착한다. 물이나 치약, 가글도 필요 없으므로 어디에서든지 간편하게 양치질을 할 수 있다.

껌을 씹는다

자일리톨이 백 퍼센트 배합된 껌을 식사 후에 씹으면 충치를 예방할 수 있다. 껌은 한 번에 많이 씹기보다 하루에 몇 번으로 나눠서 씹어야 효과적이다. 비상 소지품 가방에도 넣어놓자.

소금물로 입안을 가신다

소금에는 살균 작용이 있다. 소량의 물에 소금을 타서 입안을 가시면 충치 및 감기 예방에 효과가 있다. 진한 소금물을 쓰면 목 안이 건조해질 수 있으니 주의하자.

칫솔만 사용해서 양치질한다

치약을 바르지 않고 칫솔만 사용해서 이를 닦아도 충분히 효과가 있다. 조금 오래 닦은 후에 소량의 물로 입안을 헹구자.

고체 치약으로 닦는다

사탕 크기 정도의 고체 치약을 입속에 넣고 칫솔모 대신 혀를 이용해서 굴린다. 물이나 치약이 없어도 양치질을 할 수 있다.

살균한다

살균 스프레이로 위생을 유지한다

피해 지역에서는 손을 충분히 씻을 수 없으므로 용변을 본 후 살균 스프레이로 위생을 유지하는 것이 중요하다. 시중에서 판매하는 살균 스프레이를 준비해놓으면 좋다. 탈취 효과가 있는 제품도 있으니 쓰레기나 화장실, 애완동물 등의 냄새 대책을 마련할 때도 편리하다.

직접 만드는 살균 스프레이

걸레에 묻혀서 식기를 닦거나 스프레이 용기에 넣어서 사용하면 잡균 번식을 막을 수 있다.

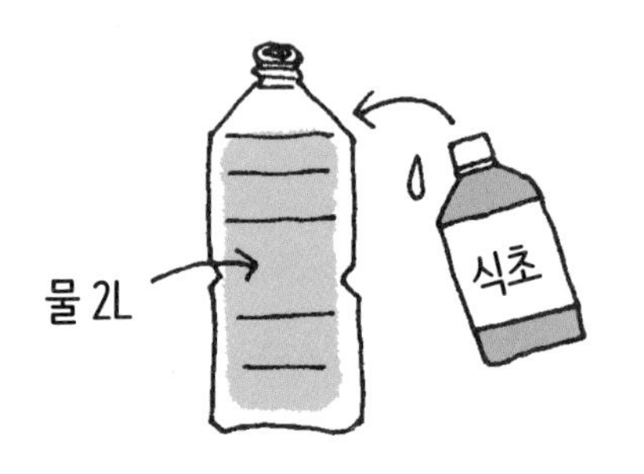

1. 물 2리터와 식초(양조 식초) 50cc를 페트병에 넣는다.

2. 소금을 조금 더한다.

머리카락을 깨끗이 한다

물이 필요 없는 샴푸

머리를 감을 수 없을 때는 물이 필요 없는 샴푸를 추천한다. 우주 비행사들은 물이 필요 없는 샴푸를 사용해서 머리카락과 두피의 냄새, 때를 제거한다. 여러 제조사에서 발매하고 있으며 인터넷 쇼핑몰에서도 구입할 수 있다.

쓰레기 냄새를 차단하는 방법

재해 시에 쓰레기 수거차가 오지 않으면 '쓰레기 냄새'를 어떻게 해결하느냐가 큰 문제다.

● **밀폐 봉투에 넣는다.**

● **신문지로 싼다.**

● **탈취 스프레이를 뿌린다.**

● **베이킹 소다를 뿌린다.**

● **산소계 표백제 몇 방울을 떨어뜨린다.**

● **쓰레기봉투에 넣는다.**

42

상처받은 아이의 마음을 받아준다

➜ 쓰나미에 휩쓸린 피해 지역의 유치원생들 사이에서 한때 '쓰나미 놀이'와 '지진 놀이'가 유행했다. '쓰나미가 왔다!' '지진이 발생했다!'라는 신호에 맞춰서 책상이나 의자 위에 올라가거나 책상 밑에 숨는 놀이를 했다는 보고도 있었다. 조심성 없이 행동하는 것 같고 어쩐지 기분 나쁘다는 사람도 있을 수 있지만, 아이들은 이런 놀이를 통해서 불안과 공포를 극복하려고 한 것이다.

지진 재해로 마음에 깊은 상처를 입는 것은 어른이든 아이든 모두 똑같다. 하지만 아이는 자신의 기분을 말로 표현하거나 감정을 밖으로 드러내지 못하는 탓에 이런 답답한 마음을 부모나 선생님에게 달라붙는 등 퇴행적인 형태로 표현한다. 이는 자신의 불안과 공포를 이해해 달라는 신호다. 만일 아이가 아무 말도 하지 않거나 누군가를 뚫어지게 바라보면 일부러 신경 써서 말을 걸어보자.

동일본 대지진 때는 TV 화면을 통해서 피해의 비참함을 두 눈으로 확인한 전국의 아이들도 마음의 치유가 필요했다. 눈앞에서 일어난 재해의 발생 과정이나 엄마가 허둥대는 이유를 모르면 아이는 무서워하기 마련이다. 그러므로 아이가 이해할 수 있는 범위에서 친절하게 설명해주자. 그런 다음 "이제 괜찮아."라고 안심할 수 있는 말을 하면 좋다.

아이의 SOS 신호 이런 모습을 보이면 주의하자!

● **잘 때 소변을 본다.**

● **사소한 일로 운다.**

- 벌벌 떤다.

- 도와주는 것을 싫어한다.

- 짜증을 낸다.

- 손가락을 빤다.

- 가위에 눌린다.

- 늘 붙어 다닌다.

- 잠을 못 잔다.

- 말을 잘하지 못한다.

옛날 방식의 우물이 큰 도움이 되었다

지진으로 가장 힘들었던 점은 물 문제였다. 근처 학교의 정수장에서 생활용수를 배급해주었지만 물을 받으려면 네 시간이나 기다려야 했다. 기다리다가 빈혈로 쓰러지는 사람이 나올 정도로 상황이 심각했다. 필요한 만큼의 물을 한 번에 가져올 수 없었기 때문에 더욱 힘들었다. 친척집에 전동식 펌프로 작동되는 우물이 있었지만 정전 탓에 무용지물이었다. 다행히 이웃집에 손으로 물을 직접 길어 올리는 우물이 있어 쌀과 통조림 등을 드리고, 물을 얻었다. 또 한 수도 배관공의 집에는 재해용 맨홀이 있었고, 그 안에 저장해놓았던 물을 양동이로 퍼 올려 사용했다. 물을 직접 길어 올리는 방식의 옛날 우물이 이렇게 큰 도움이 될 줄 몰랐다.

– 미야기현 이시노마키시 46세 주부

수도가 복구되기까지 20일이나 걸렸다

지진이 일어난 후, 전기를 복구하는 데 3일이 걸렸고, 수도는 꽤 늦어져서 20일이 걸렸다. 한동안 목욕도 못한 데다 화장실 등 위생 문제 때문에 너무 힘들었다. 다행히 근처 신사에 연못이 있어 생활용수를 얻을 수 있었지만 옮기느라 고생했다. 설상가상으로 아파트의 급탕기가 망가져 겨울 동안 뜨거운 물을 사용할 수 없어 힘들었다.

이번 지진을 겪으면서 평소에 식료품을 비축해놓아야 한다는 것을 깨달았다. 동일본 대지진이 발생한 지 20일이 지나서야 슈퍼에서 식료품을 판매하기 시작했는데, 1인당 10개까지만 살 수 있었다. 한 동료는 8시간 동안 줄을 서서 겨우 음식을 구했다고 한다.

– 미야기현 센다이시 40세 회사원

자원봉사자에게 힘을 얻다

내 주위에도 가족과 직장, 집을 잃은 사람이 매우 많았다. 동네를 복구하려면 꽤 오랜 시간이 필요한 상황이었기에 자칫하면 지역 주민인 우리가 먼저 포기해버릴 것만 같았다. 그런데 먼 곳에서 오신 많은 자원봉사자 분들이 묵묵히 진흙을 퍼내는 모습을 보니 '우리가 더 힘을 내야겠다.'는 생각이 들었다. 또 포기하지 말고 천천히 앞으로 나아가야 한다는 마음을 갖게 해줘서 자원봉사자 분들에게 정말로 고마웠다. 사람들에게 잊히거나 혼자 남겨졌다는 생각에 괴로워할 때도 있었지만, 진심으로 걱정해주는 사람이 있어 용기를 얻을 수 있었다.

– 이와테현 가마이시시 35세 교사

고맙게도 미국인 친구가 비행기 표를 예약해줬다

우리 집은 미야기현 구리하라시에 있다. 집에 있을 때 진도 7의 동일본 대지진이 일어났다. 강력한 수평 진동이 오랫동안 계속되어 집이 옆으로 크게 흔들렸다. 정신없이 밖으로 도망쳤더니 밖에서는 쿵쿵거리는 산울림도 더 크게 들렸다. 도쿄에서 태어나고 자란 나는 미국인 남편과 아이와 함께 시골에서 생활하기 위해 구리하라시로 이사했다. 이사 온 지 6개월도 되지 않아 지진이 일어난 것이다.

전기와 수도가 끊어지고, 정보도 얻을 수 없어 직접 비행기 표를 예약할 수 없었지만 지진 소식을 들은 미국인 친구가 대신 미국행 비행기 표를 예약해줬다. 다행히 차에 휘발유가 남아 있어 차를 타고 하나마키 공항에 도착해 미국행 비행기를 탈 수 있었다. 뚝뚝 끊기는 전파 속에서 전화로 예약을 해주겠다던 친구에게 진심으로 고맙다는 말을 전하고 싶다.

– 미야기현 구리하라시 35세 자영업

아이는 내가 불안해하는 모습을 꾹 참고 바라봤다

나는 원래 억척스러운 성격이라서 우는 일이 거의 없었다. 하지만 지진 피해를 입고 난 후에는 아이 앞에서도 툭하면 눈물을 흘렸다. 생존자를 알려주는 라디오 방송에서 친구와 친척의 이름이 나오지 않으면 운전을 하면서 눈물을 쏟곤 했다. 그런 내 모습을 열 살짜리 아들이 잠자코 보고 있었다.

어느 날 아들이 학교에서 현기증으로 쓰러졌다고 한다. 하지만 아들은 내게 그 일을 말하지 않았다. 불안정한 내 모습을 보고 어떻게 해야 할지 몰라서 줄곧 마음속으로 고민하던 것이 폭발한 모양이었다. 지진은 여러 모로 우리 마음에 깊은 상처를 남겼다.

– 이와테현 기타카미시 38세 회사원

쓰나미 재난 상황을 흉내 내며 노는 아이

지진이 일어난 후에 아이들은 쓰나미 놀이를 했다. 나무를 쌓아놓고는 "쓰나미가 옵니다." "대피하세요." "좀 더 높은 곳으로 가세요. 그곳에 있으면 위험합니다."라고 말하면서 나무를 쓰러뜨리며 노는 것이다. 사이렌이나 쓰나미 경보 소리도 흉내 냈는데, 임상심리사의 말에 따르면 아이들이 직접 체험한 공포를 표출하는 행동이라고 한다. 잠잘 때 오줌을 싸거나 성기를 만지작거리는 등 불안 때문에 퇴행 현상을 보이는 아이도 많아졌다.

– 이와테현 도노시 29세 보육교사

딸이 지진의 공포를 받아들이기 시작했다

동일본 대지진 당시 네 살이었던 딸은 지진이 일어났는데도 이틀 동안 울거나 칭얼대지도 않았다. 마치 인형처럼 딱딱하게 굳어 있었다. 공포를 받아들이기 힘들어서 뭘 어떻게 해야 할지 모르는 것처럼 보였다. 그 후 점점 기운을 차렸다. 하지만 한 달쯤 지났을까? 우연히 '지진'이라는 단어를 듣고 안색이 창백해졌다. 두 달이 지난 5월에는 내가 쓰러진 나무의 뿌리를 보며 "이곳에도 지진이 일어났을까?"라고 했을 때 딸은 완전히 얼어붙어서 그 자리에서 한 발도 움직이지 않았다. 7월에 다시 한 번 지진에 대해 말하자 딸은 "아빠가 여기에서는 지진이 안 일어난다고 했단 말이야."라며 화를 냈다. 그런 딸의 모습에서 공포가 분노로 바뀌었다는 것을 느꼈다. 10월이 되서야 딸은 '지진'이라는 말을 들어도 가볍게 받아넘겼다. 6개월이 넘는 시간을 보내면서 지진의 공포를 겨우 받아들인 모양이다.

– 미야기현 게센누마시 36세 주부

그 순간의 공포가 되살아나서 공황 상태에 빠졌다

이상하게도 지진이 일어나고 3주 정도는 나도 믿을 수 없을 만큼 의욕이 불끈 솟아났다. 온갖 일을 처리하고 사방팔방으로 연락하면서 바쁘게 움직였다. 잠이 오지 않는데도 매우 활기가 넘쳤다. 하지만 대피 생활이 길어지자 주위에서 들리는 사소한 웃음소리나 대화 소리에 짜증이 났다. 기분이 점점 가라앉았고 '앞으로 어떻게 될까?'라는 불안감에 잠을 자려고 하면 지진이 일어난 순간의 공포가 되살아나 공황 상태에 빠졌다. 그런 나의 불안감을 눈치챘는지 네 살짜리 딸의 얼굴에서 표정이 사라져 굳어 있었다. 때로는 울거나 아우성치고 응석을 부리면서 자신이 느끼는 불안과 싸우는 것처럼 보였다. 지진이 발생한 지 이제 곧 1년이 된다. 생활도 안정을 되찾아가고 있다. 초조해하지 말고, 새로운 생활을 잘 꾸려나가도록 노력해야겠다.

– 미야기현 구리하라시 35세 공무원

'여기에서 함께 있자.'라고 말했더라면…

지진이 일어났을 때 어린이집은 낮잠 시간이었던 터라 모든 보육교사들이 잠옷 차림의 아이들을 끌어안고 높은 곳으로 대피했다. 부모가 데리러 온 아이들은 돌려보냈는데, 집으로 돌아갔다가 오히려 쓰나미에 희생된 가족도 있었다. 그때 '여기에서 함께 있자고 했더라면.' 하고 양심의 가책을 느꼈다. 그와 동시에 '친구가 죽었다는 사실을 아이들에게 어떻게 알려줘야 할까?'라고 고민했다. 어린이

집이 다시 문을 열었을 때 나는 아이들에게 "○○는 천사가 돼서 하늘나라로 갔단다. 그러니 더는 춥지도 않고 아프지도 않을 거야."라고 했다. 아이들은 이해를 했는지 눈물이 글썽글썽한 얼굴로 가만히 내 이야기를 들어줬다. 그날 이후 나는 '아이를 지키기 위해서 할 수 있는 일'에 대해 끊임없이 생각하고 있다.

– 이와테현 45세 보육교사

아이를 키우는 부모에게 심리적인 지원이 있었으면…

지진이 일어났을 때, 나는 남편과 두 살짜리 딸이랑 같이 이시노마키에 있었다. 지진이 일어난 직후에는 나도 상상하지 못할 만큼 힘이 났다. 하지만 한 달 정도 지났을 때부터는 피로가 쌓이기 시작했다. 날씨는 추운데다 여전히 불안했기 때문에 딸에게 무심하기도 했다. 지금은 대피소에서 자원봉사자로 활동하며 많은 아이들을 만나고 있다. 지진이 발생한 지 이제 곧 1년이 되는데 아직도 주위에는 가위에 눌리는 아이, 울다가 정신적으로 혼란한 상태에 빠지는 아이들이 많다. 부모들도 머리로는 이해하지만 심적으로 힘들어서 아이를 잘 보살펴주지 못했다. 식료품이나 의류 등의 지원은 많이 받았지만, 힘든 상황에서 부모들에게 심리적으로 도움을 줄 수 있는 지원이 좀 더 제대로 이루어졌으면 좋겠다.

– 미야기현 이시노마키시 41세 주부

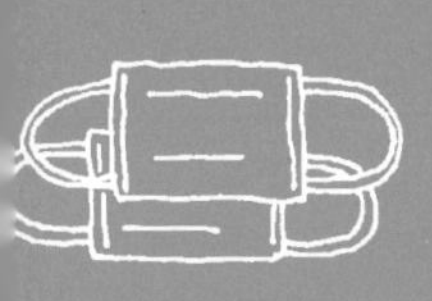

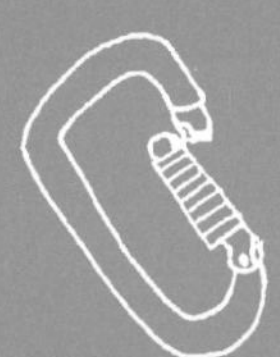
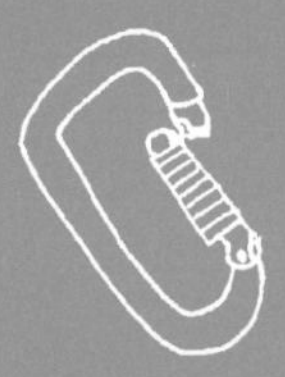
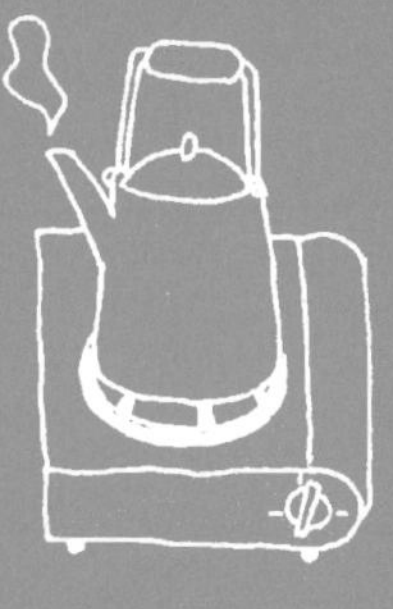
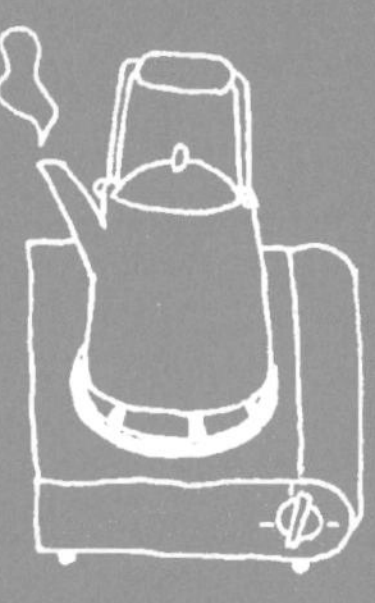

Chapter 6

생계를 보호하는 지진 보험

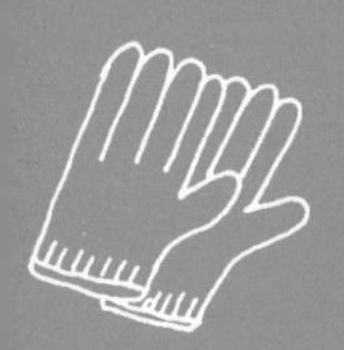

이 장은 일본의 지진 보험을 소개한다. 일본은 보험 상품을 한국보다 잘 갖춘 편이다. 2018년 한국에 출시 예정인 지진 전용 보험을 선택할 때 이 장의 내용이 참고가 될 것이다.

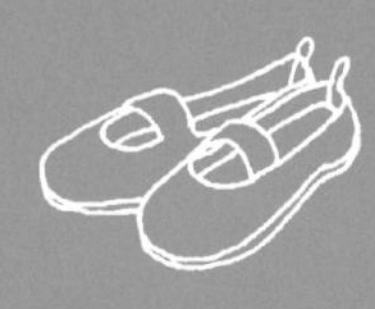

43

지진 보험으로 생활 터전을 재건하기 위한 발판을 마련한다

➡ 지진 등의 자연재해로 가옥이 전파한 경우 일본 정부에서 지급되는 지원금은 최대 300만 엔이다.

2008년 일본 내각부는 노토 반도 지진, 니가타현 주에쓰 지진 등으로 지원금을 지급받은 1,403세대를 대상으로 조사를 했다.

조사에 따르면 절반 정도의 세대가 '주택 건축 및 구입'에 2천만 엔 이상을 지출했으며, 20퍼센트가 넘는 세대에서 '가재도구 구입 및 수리'에 201만 엔 이상을 지출했다.

이렇듯 집이 무너질 경우 공적 지원금이 전액 지급된다고 해도 가재도구의 구입 등으로 충당하는 게 고작이라서 그 이상의 비용은 보험금, 저축, 융자를 받아 조달해야 한다.

금융 플래너인 안도 겐지 씨는 '지진 보험은 어디까지나 생활을 재정비하기 위한 일시적인 돈이므로 지진이 일어날 것을 고려해서 보험을 종합적으로 다시 확인해보는 것이 중요하다.'라고 조언했다.

나는 지진이 일어난 후 생활 터전을 재건하려면 저축과 보험을 전부 준비해놓아야 한다고 생각한다. 우리 집에서는 '건물'과 '가재도구' 양쪽에 지진 보험을 들었다. 지진 보험은 화재 보험에 추가해서 들어야 하는데다 소멸성 보험이고 보상액도 적어서 가입을 꺼리는 사람이 있을지도 모른다.(2017년 현재 한국에서도 화재 보험의 지진 특약에 가입하거나 풍수해 보험을 들어 지진에 대비할 수 있다.)

하지만 일본에서는 현실적으로 지진을 피하기가 쉽지 않다. 지진이 일어나면 어떤 집이든지 피해가 있다. 아무리 내진 구조, 면진 구조라고 해도 지붕의 일부가 부서지거나 벽에 금이 갈 것이다.

지진 보험은 보험금이 바로 지급된다는 장점도 있다. 재해를 입은 후에는 액수가 아무리 적더라도 즉시 현금이 생기면 확실히 도움이 된다. 지진 피해 지역에서도 보험에 가입하기를 잘했다고 하는 사람들이 꽤 있었다.

저축이 적은 사람, 융자금 잔고가 많은 사람은 지진 보험이나 자연재해 공제에 가입해놓는 방법을 추천한다. 매달 생활비를 고려해서 어떤 보험을 얼마나 가입할 것인지 각 가정에 맞는 방법을 찾아보기 바란다.

지진 후의 생활 터전 재건에 필요한 비용은 어느 정도일까?

일본지진재해파트너(주)에서 제공한 보험 시뮬레이션을 참조하여 어림잡아 계산했다.

4인 가족(부부와 자녀 2인)일 경우

동일본 대지진으로 연소 화재가 발생하는 바람에 목조로 된 자택이 전파했다. 지진 보험에서 보험금 1,000만 엔을 받을 수 있었지만 은행에서 빌린 1,500만 엔과 주택 융자금 500만 엔이 남고 말았다. 은행에서 1,200만 엔을 새로 빌린 탓에 지진 피해 후 십여 년 동안 기존의 융자금과 함께 새로운 융자금까지 이중으로 갚아야 하는 상황이라서 경제적인 부담을 면치 못하게 되었다.

주거 형태 목조 단독주택 100m²
지진 피해 '전파 인정'을 받았다.
복구 상황 보수는 단념했고 다시 짓기로 했다.
지진 보험 보험 금액 1천만 엔(건물), 3백만 엔(가재도구)짜리에 가입했다.

자기 부담액	재건축 비용(새로운 융자금)	1,200만 엔
	임시 거주지 집세(12개월)	120만 엔
	대피 교통비	18만 엔
	이사 비용	32만 엔
	해체, 제거 비용	208만 엔
	인지세 제비용	29만 엔
	가전 등 생활필수품	400만 엔
지급액	지진 보험금(건물)	+1,000만 엔
	지진 보험금(가재도구)	+300만 엔
생활 터전 재건을 위한 비용		합계 707만 엔

3인 가족(부부와 자녀 1인)일 경우

내진성이 높은 아파트였기에 '반파' 피해 인정을 받았지만 내진성에 불안을 느껴 호텔 등에서 임시로 지냈다. 관리조합이 '보수파'와 '재건축파'로 분열되어 보수 공사를 착공하기까지 8개월이 걸렸고, 공사 기간은 4개월이 걸렸다. 보수가 끝날 때까지 1년 동안 호텔과 임대 공동주택에서 지낸 탓에 임시 거주지 비용과 주택 융자금을 이중으로 내야 하는 경제적 부담에 시달렸다.

주거 형태 아파트 전용 면적 70m²
지진 피해 경미한 '반파 인정'을 받았다.
복구 상황 관리조합에서 '보수 공사'를 채택했다.
지진 보험 미가입

자기 부담액	호텔비(1개월)	60만 엔
	임시 거주지 비용(11개월)	110만 엔
	대피 교통비	15만 엔
	전용 부분 보수비	100만 엔
	공유 부분 보수비	50만 엔
	이사 비용	28만 엔
	가전 등 생활필수품	200만 엔
지급액	지진 보험	0엔
생활 터전 재건을 위한 비용		합계 563만 엔

지진으로 발생하는 위험에 대비하려면?

건물의 피해를 보상받는 경우

- 지진으로 집이 쓰러졌을 때
- 지진으로 발생한 화재로 집이 불탔을 때
- 지진으로 발생한 쓰나미로 집이 떠내려갔을 때

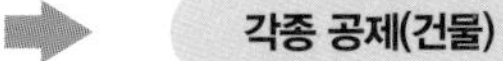

화재 보험 + 지진 보험(건물)

⇨136쪽

각종 공제(건물)

⇨142쪽

단독으로 가입할 수 있는 지진 보험

⇨143쪽

가재도구의 피해를 보상받는 경우

- 지진으로 가재도구가 파손됐을 때

화재 보험 + 지진 보험(가재도구)

⇨138쪽

각종 공제(가재도구)

⇨142쪽

단독으로 가입할 수 있는 지진 보험

⇨143쪽

차량의 손해를 보상받는 경우

- 지진, 분화, 쓰나미로 차량이 파손되거나 물에 떠내려갔을 때

자동차 보험 + 지진이나 쓰나미에 관한 특약

⇨140쪽

지진 보험에 가입할 때 이 점에 주의하자

- 화재 보험만으로는 지진, 분화, 쓰나미로 발생한 손해를 보상받지 못한다.
- 지진 보험은 화재 보험에 부가되는 계약이므로 지진 보험만 계약할 수 없다.
- 지진 보험은 소멸성 보험이다.
- 지진 보험은 거주용 건물과 가재도구만 대상이 된다.

보험금을 받으려면?

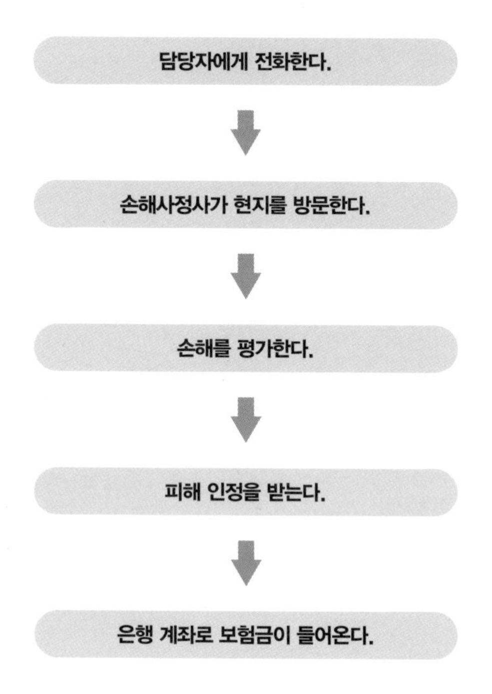

지진이 일어난 후 지진 보험의 보험금을 어떻게 받을 수 있고, 또 어떤 서류를 준비해놓아야 하는지 손해보험설계사 오쿠보 준 씨에게 물어봤다.

"보험금을 받으려면 우선 담당자에게 연락을 먼저 해야 합니다. 담당자일 경우에는 이름과 주소만 알려주면 손해사정을 신청해주거든요. 필요한 서류는 없지만 담당자와 연락이 닿지 않거나 연락처를 모를 경우에는 계약한 보험회사의 고객센터에 전화하면 됩니다. 이 경우에는 증권번호를 알아야 합니다. 보험금은 지진 피해를 입은 후 1년 동안 신청할 수 있는데, 가재 보험 등으로 깨진 식기 등을 보상받고 싶을 때는 깨진 상태를 확인받아야 해요."

나는 귀중품 목록에 우리 집 보험 담당자의 연락처를 추가로 적었다. 동일본 대지진 때는 피해자가 연락하면 손해사정사가 현지를 방문해서 피해자와 함께 현지를 확인하고 목록을 근거로 해서 사정을 실시한 후 피해를 인정했다. 그 후 약 일주일 안에 보험금이 지급된 사례가 많은 모양이다.

44

자신이 소유한 집일 경우 '건물'에 지진 보험을 든다

➔ 본인 소유의 집은 단독주택이든 아파트(전용 부분)이든 '건물'과 '가재도구'에 '지진 보험'을 들 수 있다. 둘 다 '화재 보험'과 함께 가입해야 한다.

단 '지진 보험'의 보험 금액은 '화재 보험'의 30~50퍼센트다. 지진 보험만으로 재건축 비용을 전액 부담하기는 어려울 수 있지만 생활 터전을 재건하기 위한 발판이 될 것이다.

'지진 보험'으로 보상을 얼마나 받고 싶고, 또 소멸성인 보험료를 얼마씩 낼 것인지 고려해서 가계에 알맞은 보험 내용을 검토해보기 바란다.

'화재 보험'만으로는 지진으로 발생하는 화재 피해를 보상받지 못한다. 지진 피해는 어디까지나 '지진 보험'으로 보상받을 수 있다. 아파트의 경우 엘리베이터나 발코니 등의 공용 부분은 관리조합에서 보험에 가입하니 관리조합에 직접 문의하여 확인하자. '지진 보험'은 법률을 근거로 해서 운영되므로 계약 조건이 같으면 어느 보험 회사에서 계약해도 보험 금액과 보험료가 똑같다.

지진 보험 건물 보상

보험료는 다음의 세 가지 요소로 결정된다

1. 건물의 소재지
지진 발생 비율, 예상되는 피해 규모의 크기에 따라 다르다.

2. 건물의 구조
목조, 모르타르, 철근 콘크리트, 철골조에 따라 다르다.

3. 할인 제도
요건을 충족하면 할인을 받을 수 있다.

1981년 6월 1일 이후에 신축한 건물일 경우	10%
내진 등급을 보유한 건물일 경우	10~30%
면진 건축물인 경우	30%
내진 기준을 충족하는 건물일 경우	10%

보험금과 보험료는 얼마일까?

▼ 화재 보험 금액 2,000만 엔, 철골조 건물, 할인을 받지 못하는 경우

건물의 소재지	지진 보험의 보험금	보험료/연
도쿄도	600만 엔	10,140엔
	1,000만 엔	16,900엔
오사카부	600만 엔	6,300엔
	1,000만 엔	10,500엔
이와테현	600만 엔	3,000엔
	1,000만 엔	5,000엔
시즈오카현	600만 엔	10,140엔
	1,000만 엔	16,900엔

지진 보험 건물 보상

보험금 비율은 어느 정도일까?

손해 정도	보험금 비율
전손 피해액이 건물 전체의 **50% 이상**	지진 보험의 보험 금액 **100%**
반손 피해액이 건물 전체의 **20% 이상 50% 미만**	지진 보험의 보험 금액 **50%**
일부 손괴 피해액이 건물 전체의 **3% 이상 20% 미만**	지진 보험의 보험 금액 **5%**

지진 보험이 600만 엔일 경우의 보험 금액

전손일 경우에는 600만 엔

반손일 경우에는 300만 엔

일부 손괴일 경우에는 30만 엔

지진 보험이 1,000만 엔일 경우의 보험 금액

전손일 경우에는 1,000만 엔

반손일 경우에는 500만 엔

일부 손괴일 경우에는 50만 엔

45

임대 주택일 경우 '가재도구'에 지진 보험을 든다

(일본) 전국노동자공제생활협동조합연합회의 홈페이지에 따르면 남편 34세, 아내 30세, 초등학생 자녀 2인으로 구성된 4인 가족의 가정에는 가구, 가전, 식기, 의류, 가방, 액세서리 등 평균적으로 1,667만 엔어치의 가재도구가 있다고 한다. 즉 가재도구가 지진으로 파손되어 다시 구입하려고 할 경우 무려 1,667만 엔이라는 금액이 필요하다.

'가재 보험'은 건물의 소재지, 건물의 구조, 할인 제도 등을 기준으로 해서 보험료가 결정된다. 보험 회사마다 설정 금액이 다르므로 보험 회사에 직접 문의해보는 것이 좋다.

임대 계약을 체결할 때 부동산업자의 추천으로 '건물'에 대한 화재 보험에 가입하는 것이 일반적이다. 그러나 손해보험설계사 오쿠보 준 씨는 "임대 주택에 사는 사람 중에는 자신이 가입한 보험이 '건물'에 대한 것인지, '가재도구'에 대한 것인지 모를 때가 많아요."라고 말했다. '지진 보험'에 가입해야 지진 피해를 입었을 때 보상을 받는다는 사실을 잊지 말자. 이번 기회에 자신이 가입한 보험을 다시 한번 검토해보는 것을 추천한다.

지진 보험 가재도구 보상

보험료는 다음의 세 가지 요소로 결정된다

1. 건물의 소재지
지진 발생 비율, 예상되는 피해 규모의 크기에 따라 다르다.

2. 건물의 구조
목조, 모르타르, 철근 콘크리트, 철골조에 따라 다르다.

3. 할인 제도
요건을 충족하면 할인을 받을 수 있다.

1981년 6월 1일 이후에 신축한 건물일 경우	10%
내진 등급을 보유한 건물일 경우	10~30%
면진 건축물인 경우	30%
내진 기준을 충족하는 건물일 경우	10%

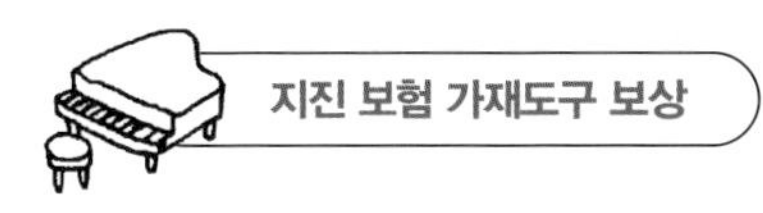

보험금과 보험료는 얼마일까?

▼ **화재 보험 금액 600만 엔, 철골조 건물, 할인을 받지 못하는 경우**

건물의 소재지	지진 보험의 보험금	보험료/연
도쿄도	180만 엔	3,040엔
	300만 엔	5,070엔
오사카부	180만 엔	1,890엔
	300만 엔	3,150엔
이와테현	180만 엔	900엔
	300만 엔	1,500엔
시즈오카현	180만 엔	3,040엔
	300만 엔	5,070엔

지진 보험 가재도구 보상

보험금 비율은 어느 정도일까?

손해 정도	보험금 비율
전손 피해액이 가재도구 전체의 **80% 이상**	지진 보험의 보험 금액 **100%**
반손 피해액이 가재도구 전체의 **30% 이상 80% 미만**	지진 보험의 보험 금액 **50%**
일부 손괴 피해액이 가재도구 전체의 **10% 이상 30% 미만**	지진 보험의 보험 금액 **5%**

지진 보험이 180만 엔일 경우의 보험 금액

전손일 경우에는 180만 엔
반손일 경우에는 90만 엔
일부 손괴일 경우에는 9만 엔

지진 보험이 300만 엔일 경우의 보험 금액

전손일 경우에는 300만 엔
반손일 경우에는 150만 엔
일부 손괴일 경우에는 15만 엔

46

'자동차'의 경우에는 차량이 전손됐을 때 일시금을 지급하는 특약에 가입한다

➜ 동일본 대지진이 일어났을 때 많은 차량이 순식간에 쓰나미에 휩쓸려가는 광경을 TV로 생생히 지켜보며 차 보상에 관해서 생각한 사람도 꽤 많을 것이다.

자동차 보험 회사가 판매하는 일반적인 '차량 보험'일 경우에는 지진이나 분화, 쓰나미로 발생한 차량 손해를 보상받지 못한다. 이러한 자연재해는 한 번에 손해 위험이 높아질 가능성이 있어서 민간 보험 회사에서는 대처할 수 없다고 간주하기 때문이다.

그래서 나는 차량 보험에 지진 및 분화, 쓰나미 등을 보상해주는 '특약'을 추가했다. 이는 동일본 대지진 때 발생한 쓰나미로 차량 피해가 컸던 탓에 새롭게 만들어진 특약이다. 단 '전손'일 경우에만 보상받을 수 있으며 나머지는 대상에서 제외된다.

또한 보상받는 금액은 차종과 상관없이 일률적으로 50만 엔이다. 3백만 엔짜리 차량이든 70만 엔짜리 차량이든 보상액은 50만 엔으로 한정되어 있는데, 50만 엔 미만의 차량일 경우에는 그 차량 금액이 최댓값이 된다. 보험료는 연간 5천 엔이다. 이처럼 동일본 대지진 피해를 입으면서 현재는 차량 보험의 계약 기간 도중이라도 특약을 추가할 수 있는 보험 회사가 늘어났다.

47

'사람'을 지원하는 생명 보험

주택 융자를 받아서 집이나 아파트를 구입한 사람은 '생명 보험'에도 함께 가입한 사람이 많다. 자신의 신변에 예기치 못한 일이 일어나더라도 남은 가족이 우리 집에서 살 수 있기를 바랐기 때문일 것이다.

이 '생명 보험'에는 지진을 비롯한 자연재해가 발생했을 때의 피해 보상이 포함되어 있지 않지만, 400년에 한 번 일어날까 말까 한 전대미문의 재해라고 불리는 동일본 대지진이 일어났을 때는 일본 정부가 특례로 '지진'도 보상 대상에 포함시키도록 조치를 내렸다. 게다가 절차가 신속하게 진행되어 그 특별 조치 덕분에 마음이 따뜻해졌다는 사람도 많았다.

하지만 앞으로는 이런 특례 조치가 적용되지 않는다고 한다. 심하게 말하면 지진으로 죽더라도 주택 융자금 잔액을 보전할 수 없다는 것이다. 따라서 대지진이 일어날 것을 가정하여 미리 당신의 인생 계획을 고려해볼 것을 추천한다.

48

자연재해 공제에 가입하는 방법도 있다

➔ '공제'는 생명의 위험이나 주택 재해, 교통사고 등의 피해를 입었을 때 조합원이 서로 협력해서 보장·공제 사업을 실시하는 협동조합이다. 대표적으로 (일본) 전국노동자공제생활협동조합연합회, CO·PO 공제, 도도부현민 공제 등이 있으며 출자금을 내면 누구든지 조합원이 될 수 있다. 지진 재해 시 발생한 화재로 보장을 받으려면 전국노동자공제생활협동조합연합회나 CO·PO 공제처럼 '화재공제'에 추가해서 '자연재해 공제'에 가입하는 유형이나, JA 공제처럼 자연재해가 이미 지원되는 유형이 있다. '건물'이나 '가재도구'만을 대상으로 계약할 수도 있으며 둘 다 지원받고 싶을 경우에는 양쪽에 가입할 수도 있다.

동일본 대지진이 일어난 후 필자는 피해 지역에서 공제 조합원이 피해자와 가족처럼 지내는 모습을 자주 목격했다. 공제는 영리를 목적으로 하지 않는 조직이며 '모두 함께 협력한다'는 이념을 갖고 있기에 힘들 때야말로 조합원에게 다가가서 가족처럼 친절하게 대한다는 것을 느꼈다. '공제' 상품은 전반적으로 '지진 보험'과 비교해서 보험료가 낮기 때문에 보장 금액도 높지 않다. 알찬 보장을 원할 경우 전국노동자공제생활협동조합연합회에서는 자연재해 공제의 보장 금액을 인상한 상품도 제공한다. 각 상품마다 특색이 있으니 담당자와 상담하거나 홈페이지에서 확인해 보기 바란다.

49

보상액을 좀 더 늘리고 싶다면?

'건물'에 드는 보험, '가재도구'에 드는 보험 등 여러 가지 보험 상품이 있는데, 보상액을 좀 더 늘리고 싶으면 일본지진재해파트너(주)가 취급하는 '리스타'나 도쿄해상일동화재보험(주)이 판매하는 '지진 추가 보상'에 가입하는 방법이 있다.

'리스타'는 단독으로 가입할 수 있으니 '경제적인 부담을 줄이고 싶어서 화재 보험에 가입하고 싶지 않다'는 사람이나 '화재 보험'이나 '공제'에 추가적인 보상을 더하고 싶은 사람에게 추천한다.

건물이나 가재도구의 가치와 상관없이 필요로 하는 보험금에 따라 보험료를 직접 결정할 수 있다.

최대 보상액은 5인 이상 세대일 경우 9백만 엔인데, 보험료를 줄이고 싶을 경우에는 3백만~7백만 엔을 선택할 수도 있다.

손해 보험 회사가 손해 상태를 사정하는 '지진 보험'과 달리 지방자치단체가 발행하는 '이재 증명서'의 판정 결과가 그대로 적용된다. 단, 1981년 6월 이후에 건축한 건물에 한해서 가입할 수 있다.

50

재산을 분산한다

➔ 지진 재해를 입은 후 생활 터전을 재건하기 위한 방법으로 재산을 여러 곳으로 나누어 보관해놓을 것을 제안한다. 대여 금고, 민간 보안 상자를 이용하는 방법도 있으며, 재발행할 수 없거나 보상받지 못하는 물품을 보관해놓는다.

우리 집에서는 예전에 차로 3시간 정도 떨어진 장소에 트렁크 룸을 빌렸다. 방 안이나 복도, 계단까지 짐으로 꽉 차면 대피로를 확보하기 어렵다. 그러니 지금 당장 쓰지 않는 물건은 창고에 보관해놓자. 또한 '집이 피해를 입어서 모든 것을 잃었을 때'를 고려하면 원거리 지역에 있는 트렁크 룸을 사용할 경우 재산을 지킬 수도 있다. 가족의 속옷, 의류, 식기 등을 맡겨놓는 것을 추천한다.

동일본 대지진에서는 쓰나미가 주민의 재산을 송두리째 빼앗아갔다. 특히 가족을 잃은 사람들에게 사진은 보물이나 다름없다. 클라우드나 원드라이브, 드롭박스 등 인터넷상에 저장해놓으면 안전하다.

각 가정의 가치관에 맞게 재산을 어디까지 지키고, 그 재산을 위해 돈을 얼마나 들일 것인지 결정한다. 평소 생활이 힘들어지지 않도록 적당히 대비하는 것도 좋고, 걱정을 덜기 위해 철저하게 대비하는 것도 좋으니 각 가정에 맞는 방법을 선택하자.

재산 분산 장소

금융기관의 대여 금고

비용은 월 2천 엔 정도부터. 해당 금융기관에 계좌를 소유하고 있는 것을 조건으로 한다. 은행 영업시간 안에만 출납할 수 있다.

민간 보안 상자

새벽부터 야간까지, 주말에도 이용할 수 있는 곳이 많은 모양이다. 지문 인증으로 등록하며 입·퇴장, 개폐도 비밀번호를 눌러야 하므로 안심할 수 있다. 비용은 월 3천 엔 정도부터. 집에서 가깝고 재빨리 갈 수 있는 장소가 가장 좋다.

재발행할 수 없는 품목

공증 증서, 유언장

권리서

유가증권

보상받지 못하는 품목

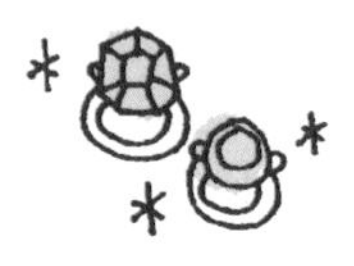

보석

인감도장

골동품

명화

트렁크 룸 대여 금고

중요한 물건을 보관할 경우에는 언제든지 물건을 맡기고 찾을 수 있는 곳보다 집에서 떨어진 곳에 금고를 대여하는 것이 가장 좋다. 장기간 보관할 경우에는 습도 및 온도 관리 장치가 설비된 실내형 창고를 선택하면 안심할 수 있다. 1.5~2평일 경우 1년 비용은 2만 엔 정도부터.

추억이 담긴 물건

당장 쓰지 않는 물건

재해 시에 사용하는 물건

제조회사에서 아기 엄마들을 위한 분유와 기저귀를 보냈다

나는 자원봉사자로 활동하면서 대피소를 이리저리 돌아다녔다. "부족한 물건은 없나요?"라고 물어보면 "괜찮아요."라고 답하는 사람이 많았는데, 엄마들 앞으로 여러 회사에서 분유와 기저귀를 넉넉하게 보내준 덕분이었다. 자원봉사자들을 위한 방한용 발 토시, 포대기, 임산부용 복대 등 사소한 물건까지 갖춰져 있었다. 하지만 모든 대피소가 구호물자를 넉넉하게 받은 건 아니었다.

대피소에 있는 동안 날이 너무 추워서 설사와 감기가 유행했다. 사람들 사이에서는 "저 할아버지가 이리저리 돌아다녀서 우리 손주한테 감기가 옮았잖아요!" "저 애가 아기를 만지는 바람에 감기가 옮았어요."라고 고성이 오갔다. 사람들의 스트레스는 날이 갈수록 심해져 인간관계마저 껄끄러워졌다.

– 이와테현 모리오카시 29세 봉사단체 직원

체육관의 커튼으로 갓난아기를 감쌌다

나는 조산사로 일하고 있어서 누구보다도 갓난아기와 아이 엄마들이 걱정스러웠다. 급하게 대피했던 몇몇 엄마들은 옷 한 벌만 달랑 걸친 채 아기를 맨손으로 안고 대피소에 왔다. 눈도 내려 날씨는 더욱 추웠고, 체육관에 있던 커튼으로 아기를 감싸야 했다.

연안에서 근무하는 조산사들은 가족의 안부도 알지 못한 채 병원에 머무르며 거듭 발생하는 여진 속에서 출산을 돕거나 갓난아기를 돌봤다. 일본조산사협회에서는 아기를 데려온 엄마들이 조금이라도 마음 편히 지낼 수 있도록 학교 보건실처럼 따로 쓸 수 있는 방을 제공해달라고 대피소에 부탁했다.

– 이와테현 모리오카시 43세 조산사

밤이 되면 엄마들은 밖에서 애를 달래야 했다

대피소에서는 잠을 자는 곳에서도 신발을 신었다. 밖이나 화장실을 다녀온 사람들이 잠자리를 밟고 돌아다녀서 위생 문제가 심각해졌다. 애완동물이 복도에서 용변을 보기도 했다. 얼마 후 동물병원 자원봉사자가 애완동물을 맡아줘서 상황이 나아졌다. 지진이 일어난 후에는 모든 사람들의 신경이 날카로웠다. 식료품도 부족해서 배분을 둘러싸고 말다툼을 하거나 사소한 일로 시비가 붙었다. 엄마들은 밤에 아이가 울면 주위 사람들이 눈치를 주는 탓에 추운데도 밖으로 나가 아이를 달래야 했다. 며칠 후 대피소에서는 사람들을 나누어 그룹별로 리더를 정했다. 리더가 회의를 거쳐 여러 규칙을 정하고, 돌아다니며 상황을 잘 살핀 덕분에 혼란스러웠던 대피소에도 점점 질서가 잡혔다.

– 미야기현 이시노마키시 38세 주부

침착한 자세와 작은 준비가 더 큰 문제를 막는다

지진이 일어났을 때 수도꼭지를 틀어놓은 채로 대피한 사람이 있었다. 시간이 지나 수도가 복구되었을 때 틀어놓은 수도꼭지로 물이 새 집이 침수되었고, 그 아래층의 급탕기 몇 대가 망가졌다고 했다. 지진은 천재지변으로 취급하기 때문에 이 과실에 대한 수리비는 지진 보험에 적용되지 않으며 본인에게 지불할 책임도 없다고 한다. 이번 일을 통해서 대피할 때는 가스나 수도의 밸브, 화기를 확인해 2차 재해가 일어나지 않도록 예방하는 것이 중요하다는 사실을 깨달았다. 또한 모두가 똑같은 상황이라는 마음을 가져야 복구 작업을 순조롭게 진행할 수 있다. 평소에 비상 용품을 준비해놓고, 아울러 침착하게 대처할 수 있는 자세와 함께 상대방을 배려하는 마음을 갖추는 게 중요하다.

– 이바라키현 미토시 61세 회사원

입주할 때 가입한 지진 보험이 큰 도움이 되었다

혼자 사는 나는 철근 콘크리트로 지은 공동주택에서 살고 있었다. 지진이 일어났을 때 출장 때문에 시즈오카현에 있었다. 지진이 일어나고 이틀 후에 집으로 돌아와 보니 2층 방은 바닥에 떨어진 물건 때문에 발 디딜 곳조차 없었다. 수납장 문과 서랍이 열리면서 떨어진 그릇과 도자기로 된 장식물이 전부 깨져 있었고, TV도 떨어져서 망가졌다. 치우는 데 꼬박 하루가 걸렸다. 상상을 초월하는 방의 참상을 보고 지진이 얼마나 무시무시한 것인지 다시 한번 느꼈다. 다행히 임대 공동주택에 입주하는 조건으로 가입했던 지진 보험이 쓸모 있었다. 보험 회사에 연락하자 일주일 만에 손해사정사가 방문했고, 함께 피해 목록과 상황을 확인했다. 결과는 일부 손괴였으며 보상액은 5만 엔으로 결정되었다. 그 자리에서 용지에 서명을 하고 끝났다. 별 문제 없이 절차에 따라 보험금을 받았고, 큰 도움이 되었다.

– 이바라키현 쓰쿠바시 32세 엔지니어

지진 보험의 필요성을 뼈저리게 느꼈다

공원에서 강아지를 산책시키고 있을 때, 아스팔트가 움푹 꺼지며 지진이 일어났다. 한 번도 경험해보지 못한 강력한 진동 때문에 모르는 사람과 손을 잡고 도망칠 정도로 무서웠다. 집에 돌아와 보니 가구가 쓰러져서 문을 막았는지 현관문이 열리지 않았다. 집의 기초 부분도 손상된 것 같아 바로 보험 회사에 연락했더니 손해사정사가 방문했다. 결과는 일부 손괴였으며 보험금 약 50만 엔은 10일 안에 받았다. 한편 옆집의 콘크리트 담이 기울어지면서 일부가 우리 집의 2층 부분을 덮쳤다. 이는 지진이 원인이라서 옆집 책임이 아니라 피해자가 각각 부담해야 했다. 또 지진과 같은 천재지변에 따른 피해를 모두 보험으로 부담할 수 없다는 사실도 이번에 처음 알았다. 지진 보험에 미리 가입해놔서 정말로 다행이었다.

– 이바라키현 미토시 60세 주부

정부에서 주는 지원금으로 아파트의 공용 부분을 보수했다

6년 전 15층 아파트의 12층에 있는 집을 샀다. 구입 시 화재 보험과 함께 지진 보험에 가입했다. 지진이 일어났지만 보험에 가입했다는 사실을 까맣게 잊고 있었는데, 보험 회사에서 몇 차례 통지가 온 뒤에야 보험의 존재를 깨달았다. 개인 보험은 집 내부의 피해에 적용되지만 현관과 발코니, 창문 등 외부로 향하는 공용 부분에는 적용되지 않았다. 일반적으로 공용 부분은 아파트 전체에서 가입한 보험을 이용한다. 우리 아파트는 지진 보험에 가입하지 않았기 때문에 정부에서 지급되는 재건 지원금으로 공용 부분을 고치기로 했다. 센다이시의 손해사정 결과는 반파보다 높고 전파보다 낮은 '대규모 반파'였다. 이 판정으로 지급된 건물 손해 지원금을 공용 부분 수리비로 충당했다.

– 미야기현 센다이시 43세 회사원

플라스틱 물통이 없어서 물을 받으러 가지 못했다

지진이 일어난 직후에는 단수와 정전이 되기 전이라서 화장실에서 쓸 용도로 물을 한 양동이만 퍼 놓았다. 그런데 다음날 아침 8시쯤 수도꼭지를 돌려보니 물이 졸졸 나오는 게 아닌가? 아차 싶어서 수도국에 전화해보니 "단수되었으니 물을 급수차에서 받으세요."라고 했다. 하지만 물을 받아올 만한 플라스틱 용기가 없어 어찌할 바를 몰랐다. 집에서는 접시에 랩을 깔아 사용했고, 나무젓가락을 썼다. 또 화장실용으로 퍼 놓은 물을 아껴 쓰며 이틀간의 단수를 버텼다. 이틀이었으니 망정이지 단수 기간이 더 길어졌다면 어떻게 됐을지 상상만 해도 끔찍하다. 재해 상황이 어느 정도 진정된 후에 마트가 문을 열자마자 가장 먼저 접이식 물통을 구입했다. 급수차로 가면 물을 담는 주머니를 준다는 사실은 나중에야 알았다.

– 이바라키현 쓰쿠바시 25세 회사원

페트병으로 핫팩을 만들어 추위를 견뎠다

지진이 일어난 후 대피소에서 지내는 일주일 동안 너무 추워서 온몸이 얼어붙었다. 옆집 할머니가 페트병으로 핫팩을 만들어주셨는데, 페트병에 깔때기를 대고 뜨거운 물을 조금 식혀서 부은 뒤 수건으로 감싸서 사용하는 방법이었다. 며칠 동안 같은 물을 데워서 몇 번씩 사용했고, 마지막에는 물통에 부어서 손을 씻거나 화장실용으로 사용했다.

– 후쿠시마현 고리야마시 23세 택시 운전사

지진 보험에 가입하길 잘했다

집 벽의 일부분이 무너지고, 금이 가서 보험 회사로부터 전파 판정을 받았다. 다행히 화재 보험과 지진 보험에 전부 가입한 덕분에 전액 보상도 받았다. 수납장에 고정 도구를 설치했는데도 양여닫이문이 열리는 바람에 아끼던 식기가 깨져 버렸지만 가재 보험으로 찻잔 6세트 중 2세트가 깨진 것까지 보상을 받았다. 화재 보험과 지진 보험을 합쳐 보험료로 매달 2만 엔 정도가 들어서 생활이 빠듯하기도 했지만 보상을 받고 나니 미리 지진 보험에 가입하길 정말 잘했다는 생각이 든다. 정부가 주는 보상금 책정을 위해 불시에 시청 직원이 집들을 방문하곤 한다. 직원이 피해 상황을 일부 손괴, 반파, 전파로 분류해 보상금을 책정하는데, 직원의 판단에 이의를 제기하는 가정도 많다고 한다. 불복 신청은 네 번까지 할 수 있고, 반파 이상의 판정을 받은 세대의 주민은 의료비도 무료라고 한다.

– 미야기현 센다이시 50세 자영업자

후기

소중한 가족을 직접 지키자

일본은 세계에서 지진이 가장 많이 일어나는 나라이기에 일본에서 태어난 사람들은 지진과 맞서는 일이 숙명일지도 모른다. 이 책은 2005년에 간행된《아이를 지진으로부터 지키는 50가지 방법》을 대폭으로 재검토해서 동일본 대지진 피해를 통해 얻은 새로운 정보를 추가한 온 가족용 방재 서바이벌 매뉴얼이다.

저자인 구니자키 노부에 씨는 위기관리 대책 감수자로서 일본 전역을 분주하게 돌아다니는 한편, 가정에서는 세 아이의 엄마로서 말 그대로 '아이를 지키기' 위해 일상생활에서 방재에 힘쓰고 있다. 전문가와 엄마라는 입장의 관점을 겸비한 지혜와 대처 방법은 우리도 충분히 참고할 만하다.

'방재에는 완벽함과 끝이 없다.'라고 주장하는 저자는 2009년에 그때까지 얻은 경험과 정보를 바탕으로 해서 '재해에 강한 집'을 완성했고, 지금도 철벽 방재를 목표로 계속 노력하고 있다. 독자 여러분 중에는 항목에 따라 '이 정도까지는 도저히 못하겠다.' '예산에 무리가 있다.'라고 하는 분도 있을 수 있다. 그래도 일단 할 수 있는 일부터 시작해서 각 가정만의 방재 대책을 찾기 바란다.

이 책은 동일본 대지진을 직접 겪은 분들이 전한 귀중한 경험담을 소개하고 있다. 경험한 일을 말하는 데 고통스러운 부분도 있었을 것이고, 말로 표현하기 어려운 점도 많았을 텐데 협력해주신 분들에게 진심으로 감사드린다.

동일본 대지진은 일본인에게 많은 고통과 슬픔을 가져다 줬지만, 한편으로는 '중요한 점'도 알려줬다. 가족과의 관계를 다시 한번 확인한 사람, 아이와 보내는 시간을 소중히 여기게 된 사람, 자신만의 삶을 생각한 사람도 많았다.

지금부터라도 늦지 않았다. 둘도 없이 소중한 가족과의 생활을 부디 여러분의 손으로 직접 지키기 바란다. 이 책이 부모와 자녀가 함께 지진 재해를 극복하는 데 진심으로 도움이 되었으면 좋겠다.

마지막으로 동일본 대지진 때 목숨을 잃은 수많은 분들과 그 가족들에게 깊은 애도의 뜻을 전한다.

가나자와 다카에, 아이를 지진으로부터 지키는 모임

저자가 직접 사용 중인 추천 방재 용품

피오마 고코다요 라이트

방재 조명. 진도 4 이상의 진동이 느껴지거나 정전되면 조명이 자동으로 켜진다. 충전식이라서 휴대용 전등으로 6시간 정도 사용할 수도 있다.

투척용 소화기 119 에코

던져서 불을 끌 수 있는 소화기. 500밀리리터로 작고 가벼운 데다 소화 효과가 물의 약 10배나 된다. 그냥 던지기만 하면 되므로 쉽게 사용할 수 있다. '일본소방검정협회의 성능 감정'에 합격했다.

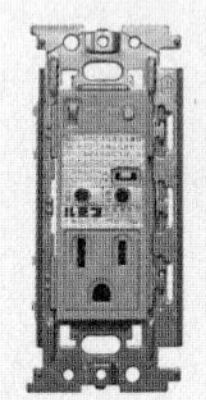

루모마 콘센트

어스선이 붙어 있는 콘센트에 한 번만 연결해놓으면 진도 6 전후의 진동에 반응하여 집 안의 전기를 차단한다. 한 집에 한 개씩 설치하면 된다.

G2TAM α플러스 하이파워 항균 탈취제

항균 탈취제. 대두 아미노산이 주성분이므로 인체와 환경에도 안전하며 누구든지 손쉽게 사용할 수 있다. 또한 살균, 항균 효과도 강력하다.

키즈 헬멧

아동용 방재 헬멧. 머리 둘레 47~56센티미터까지 3밀리미터 간격으로 크기를 조절할 수 있는 방재 헬멧이다. 호루라기와 긴급 카드가 달려 있다. 2~15세 정도까지 사용할 수 있다.

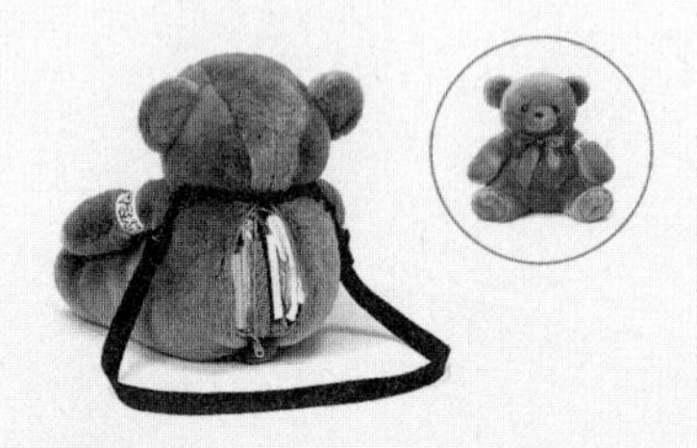

방재 곰돌이

인형 타입의 방재 가방. 일본테디베어협회의 인증을 받은 '방재 곰돌이'는 등에 방재 용품을 수납한 인형이다. 어깨끈을 이용해서 운반할 수 있다.

지혈 패드 A·T (M사이즈)

구급 처치용 지혈 패드. 부직포 면을 상처에 대고 고정하기만 하면 즉시 지혈할 수 있다. 멸균된 제품이므로 위생적이다. 뒷면에 방수 가공이 되어 있어서 2차 감염을 막을 수 있다.

슈퍼 택 핏

전도 방지 고정 기구. 벽에 붙는 접착제를 사용해서 나사나 못을 사용하지 않아도 가구와 벽을 고정할 수 있다. 크기가 다양하므로 소형 가구부터 대형 가구까지 대응할 수 있다.

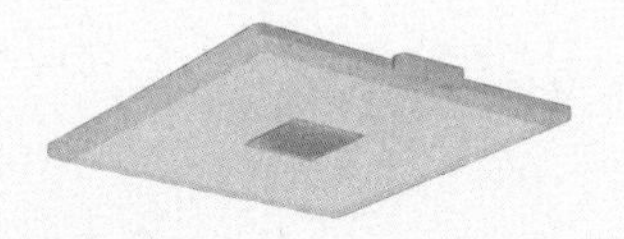

LED 실링 라이트

정전 시에 자동으로 켜지는 실링 라이트. 충전식 배터리가 내장되어 있다. 밝기와 색상은 선택할 수 있다.

AA 태양광 충전기

태양광 배터리 충전기. 태양광에 6~7시간 정도 노출해놓기만 하면 AA 충전지 4개를 백 퍼센트 충전할 수 있다. 내구성이 뛰어나며 크기를 줄여서 수납할 수 있다.

택 핏 연결 시트

전도 방지 보조 시트. 강력 접착 시트를 사용해서 위아래로 분리된 옷장이나 캐비닛을 쉽고 튼튼하게 연결할 수 있다. 철물을 나사로 고정할 필요도 없다.

탁자형 셸터

특수한 상판을 사용해서 30톤의 압력을 견딜 수 있는 탁자. 지진의 큰 진동으로부터 목숨을 보호할 수 있는 탁자형 셸터다.

스톰 쿠커 L 울트라라이트

소형 조리기구. 알코올버너, 스탠드 베이스, 삼발이를 겸한 바람막이, 소스 팬, 프라이팬, 알루미늄 손잡이가 들어 있다. 휴대하기도 편하다.

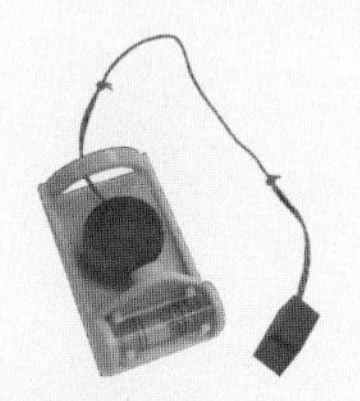

스위치 단볼

자동 전기 차단 장비. 지진동으로 추가 떨어지면 그 무게 때문에 자동으로 차단기가 내려와 정전 복구 후의 화재를 방지할 수 있다.

수납 라쿠다

엎어져 넘어지는 일을 방지하는 가구. 가구와 천정의 틈새 크기에 맞춰서 주문 제작할 수 있다. 양여닫이문, 양미닫이문 유형이 있다. 색상도 흰색, 회색 등 여섯 가지 중에서 고를 수 있다.

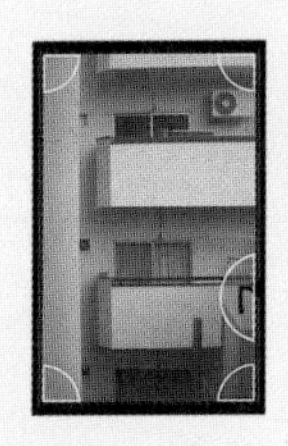

유리창 강화 시트

유리창의 네 모서리와 중앙의 다섯 군데에 시트를 붙이기만 하면 유리의 유연성을 유지해서 유리가 잘 깨지지 않는다. 지진의 진동과 강풍도 견뎌낸다.

난간 조명(계단 스트레이트 유형, 약 4미터)

어두워지면 빛나는 난간. 고휘도 LED라서 전기세가 저렴하고 수명이 길다. 정전이나 비상시에 내장 배터리가 작동해서 자동으로 켜진다.

기둥형 셸터

탁자에 붙이는 다리. 이 다리를 붙이기만 하면 탁자가 순식간에 셸터로 변신한다. 4톤 이상의 압력을 견디며 아무리 흔들려도 탁자 밖으로 튀어나가지 않는다.

벽장형 셸터

벽장에 넣는 지진용 셸터. 30톤의 무게를 견디며 성인 두 사람이 들어갈 수 있다. 대지진이 발생했을 때 가구 전도 및 가옥 붕괴로부터 몸을 보호한다.

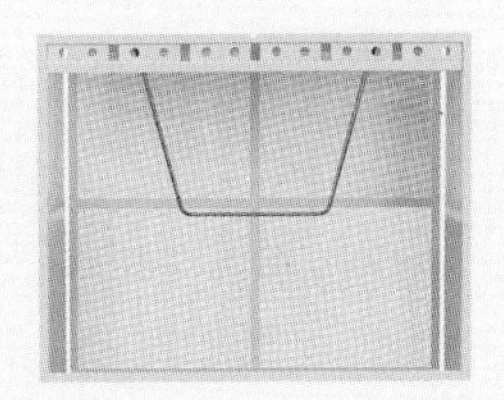

침대형 셸터

특수한 쇠파이프를 설치하기만 하면 침대 자체를 10톤의 압력에도 견디는 셸터로 바꿀 수 있다. 가족의 대피 장소로도 사용할 수 있다.

정전 파수꾼

비상시에 쓸 수 있는 600W 축전지. 가정용 콘센트로 충전할 수 있다. 냉장고, TV, 노트북 등을 사용할 수 있다. LED 조명, 라디오, USB 출력 포트가 내장되어 있다.

화장실 쓰레기 수거 가방

배설물 보관 봉투. 일반적인 쓰레기봉투보다 10배 정도 두꺼워서 잘 찢어지지 않고 냄새가 밖으로 새어나오지 않는다. 가방 하나로 약 50회 분량의 배설물을 넣을 수 있다.

화분형 방재 용품

인조 관엽식물 화분에 들어 있는 방재 용품. 붕대, 음료수, 장갑, 호루라기, 다용도 칼이 들어 있다. 화분은 양동이나 화장실로도 사용할 수 있다.

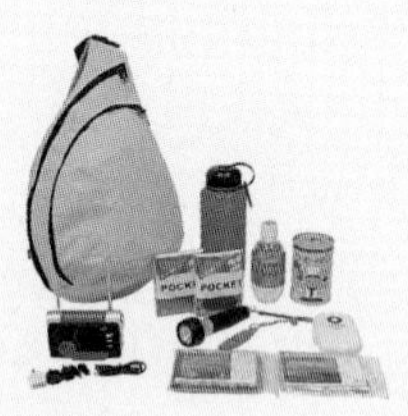

1인용 방재 세트

방재 용품. 귀가하기 어려워졌을 때나 집에서 어쩔 수 없이 비상 대피했을 때를 대비해서 최소한의 필수 방재 용품이 골고루 들어 있다.

아래 매뉴얼을 복사해서 '우리 집 방재 매뉴얼'을 작성해보세요.

우리 집 방재 매뉴얼

년　　월　　일 현재

가족 정보

가족과 떨어져 있을 때 재해를 입은 경우를 생각해서 연락 방법을 결정하세요.

방법	번호
전화번호	
휴대전화　　이름(　　　)	
이름(　　　)	
이름(　　　)	
이름(　　　)	

가족과의 연락 방법

관계	이름	생일	혈액형	병력	연락처

유사시 필요한 연락처

시설명	연락처
소방서	
구청, 주민센터	
가스회사	
전력회사	
수도사업소	
보험회사	
유치원, 학교	

시설명	연락처
병원	
병원	
역	
역	

만남의 장소, 대피 장소 확인

	장소	경로	주의할 점
만남의 장소			
대피 장소 【지진】			
대피 장소 【대화재】			
대피 장소 【수해】			

곤란할 때 유용한 물품, 장소

	위치, 장소	어떻게 유용한가?
공중전화		
소화기		
주유소		
편의점		
메모		

재해 발생 시 행동

대피 시 확인 사항

재해 시 비상 소지품 목록

품명	수량	품명	수량

품명	수량	품명	수량

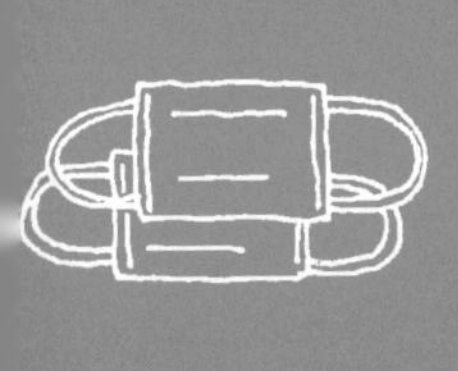

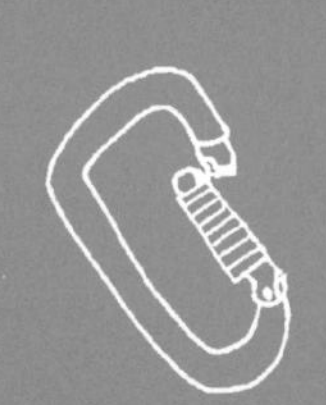

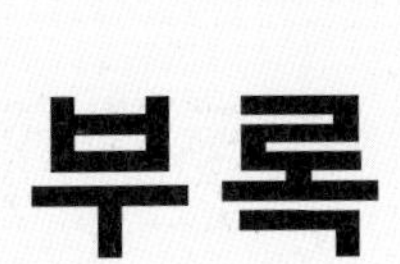

부록

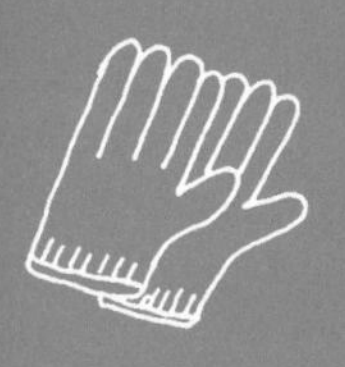

지진 발생 시 신고 요령

국민안전체험관 안내

국내 지진 보험 현황

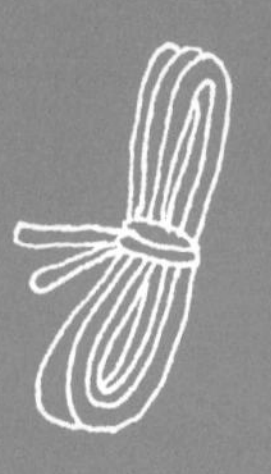

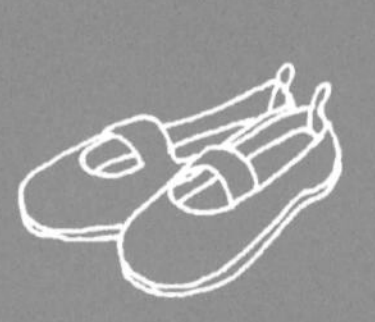

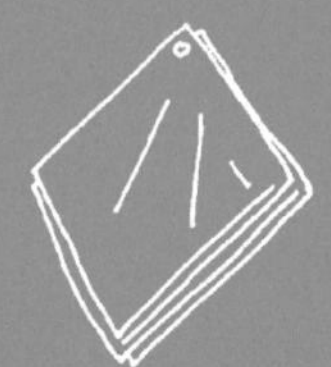
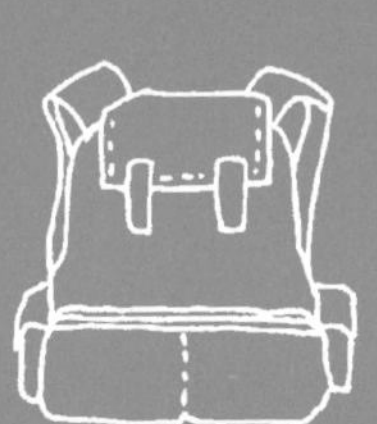

지진 발생 시 신고 요령

지진이 일어나면 당황하기 마련이다. 평상시에 행동 수칙을 숙지하고 있다면 좀 더 수월하게 지진에 대응할 수 있다. 한국지진공학회는 지진을 느꼈을 때, 어떻게 대처하고 신고해야 하는지 알려주는 행동 요령을 홈페이지에 게시하고 있다. 다음은 한국지진공학회 홈페이지(www.eesk.or.kr)에 있는 신고 요령이다.

지진 발생 시 신고 요령

1. 단순히 진동을 느꼈을 때

인근 기상관서(기상청, 기상대, 관측소)에 진동을 느낀 장소, 시각, 느낀 정도 등을 구체적으로 알려주고 기타 지진 굉음, 발광 현상의 여부 등을 알린다.

2. 지진으로 피해를 입었을 때(건물 붕괴, 화재 등)

관할 소방서, 경찰서, 행정관서 또는 기상관서에 장소와 시각 외에 피해 내용, 피해 정도, 주민 동태 등을 알린다.

3. 지진 신고 및 지진 문의

각 지방의 관할 경찰서, 소방서, 지방자치단체 또는 기상청 지진화산센터(02-2181-0789)에 연락한다.

국민안전체험관 안내

2017년 현재, 교육부에서 운영하는 학교안전정보센터에서 안전 교육 자료를 배포하고 있다. 각급 학교에서 이 자료를 안전 교육에 활용 중이다.

2016년 경주 지진을 계기로 각 교육 현장에서 지진이나 화재 같은 재해에 대처하는 안전 교육에 신경을 많이 쓰고 있지만, 아직까지는 피상적인 수준에 머무는 경우가 많다는 지적과 함께 개선 방안을 마련해야 한다는 주장이 일고 있다. 실용적이고 체계적인 교육 프로그램을 마련하고, 학교 외에 가정이나 여러 전문기관에서 평상시에 안전 교육을 실시해야 한다는 것이다.

각 지방자치단체에서는 안전체험관을 설치 운영 중인데, 이곳에서는 지진, 화재, 태풍 같은 재해를 체험하고 그 대처법도 배울 수 있다. 대표적인 체험관으로는 서울 송파구의 어린이 안전교육관, 광진구의 광나루 안전체험관, 동작구의 보라매 안전체험관, 부산의 119 안전체험관, 강원도 태백의 365세이프타운 등이 있다.

서울

시설	주소	전화
● **광나루 안전체험관**	서울특별시 광진구 능동로 238 서울시민안전체험관	02-2049-4061
● **보라매 안전체험관**	서울특별시 동작구 여의대방로20길 33	02-2027-4100
● **도봉소방서 안전체험교실**	서울특별시 도봉구 도봉로 666 도봉소방서	02-3492-3438
● **구로소방서 안전체험교실**	서울특별시 구로구 경인로 408 구로소방서	02-2618-0119
● **동대문구소방서 안전체험교실**	서울특별시 동대문구 장한로 34 동대문소방서	02-2212-0199
● **마포구소방서 안전체험교실**	서울특별시 마포구 창전로 76 마포소방서	02-701-3495
● **은평구소방서 안전체험교실**	서울특별시 은평구 통일로 962 은평소방서	02-355-0119
● **강북구소방서 안전체험교실**	서울특별시 강북구 한천로 911 강북소방서	02-6946-0119
● **성북구청 민방위교육장**	서울특별시 성북구 보문로 168	02-2241-3114
● **어린이 안전교육관**	서울특별시 송파구 성내천로35길 53	02-406-5868

부산 · 대구

● **부산 스포원 재난안전체험관**	부산광역시 금정구 체육공원로399번길 324 스포원파크	1577–0880
● **부산 119 안전체험관**	부산광역시 동래구 우장춘로 117(온천동) 금강공원 옆	051–760–5870
● **해운대구청 민방위체험관**	부산광역시 해운대구 중동2로 11 해운대구청	051–781–8455
● **금정구청 민방위 실전훈련센터**	부산광역시 금정구 중앙대로 1777 금정구청	051–519–4000
● **시민안전 테마파크**	대구광역시 동구 팔공산로 1155	053–980–7777

인천

● **부평구청 안전체험관**	인천광역시 부평구 굴포로 110	032–509–3940

울산

● **울산 동구청 생활안전체험관**	울산광역시 동구 봉수로 155	052–279–6424
● **교육청 학생교육원 안전체험관**	울산광역시 중구 북부순환도로 375	052–254–1353

경기도

● **김포 민방위 체험교육장**	경기도 김포시 사우동 김포시청 시청앞길 40번지	031–980–2871
● **안산 민방위 체험교육장**	경기도 안산시 상록구 예술광장1로 32	031–481–3161
● **화성 민방위 체험교육장**	경기도 화성시 향남읍 향남로 470	031–369–2165
● **고양시청 민방위교육장**	경기도 고양시 덕양구 화신로 214	031–8075–3042
● **파주시청 민방위교육장**	경기도 파주시 시청로 50	031–940–4114
● **양평소방서 소방안전체험실**	경기도 양평군 양평읍 경강로 2047 양평소방서	031–770–0120
● **수원소방서 소방안전체험실**	경기도 수원시 장안구 정자천로189번길 12 수원소방서	031–8012–9502
● **의왕소방서 소방안전체험실**	경기도 의왕시 오봉로 9 의왕소방서	031–596–0114

강원도

- **365세이프타운** 강원도 태백시 평화길 15 033-550-3101

충남북도

- **학생교육문화원 어린이안전체험관** 충청북도 청주시 청원구 공항로287번길 56 043-229-2622
- **진천군청 종합안전체험관** 충청북도 진천군 진천읍 상산로 13 진천군청 043-539-3114
- **충남소방본부 소방체험관** 충청남도 홍성군 홍북면 충남대로 21 충청남도청 041-635-5511

전라도

- **전북 소방본부 119 안전체험관** 전라북도 임실군 임실읍 호국로 1630 전북119안전체험관 063-290-5676
- **강진군청 안전체험관** 전라남도 강진군 강진읍 탐진로 111 061-430-3114
- **광양시청 민방위 실전훈련센터** 전라남도 광양시 시청로 33 광양시청 061-797-2114

경상남도

- **양산시 시민안전체험관** 경상남도 양산시 중앙로 39 055-392-5547

국내 지진 보험 현황

한국 보험 회사들은 그동안 지진 보험에 크게 신경 쓰지 않았다. 일본과 달리 지진 발생 주기가 길고, 피해 또한 크지 않았기 때문에 지진 관련 보험이 발달하지 못한 것이다. 2016년과 2017년 연이어 발생한 지진 때문에 많은 사람들이 관련 보험에 관심을 보이고 있지만, 정작 지진 전용 보험은 한국에 존재하지 않는다.

2017년 현재 한국에서 지진으로 피해 보상을 받을 수 있는 경우는 풍수해 보험이나 화재 보험의 지진 특약에 가입되어 있을 때다. 풍수해 보험은 정부와 지방자치단체가 보험료의 절반 정도를 지원하는 정책성 보험으로 태풍, 호우, 홍수 등의 손해를 보상한다. 그러나 온실과 주택만 보상해주고, 농민과 어민을 대상으로 만들어진 보험이라는 태생적 한계가 있다.

화재 보험의 지진 특약도 한계는 명확하다. 대부분의 약관에 지진으로 인한 직접적인 피해만 보상이 가능하도록 규정하고 있고, 지진에 의한 해일, 폭발, 파열 같은 피해는 보상하지 않는다. 특약에 지진 보상 내용이 구체적으로 명시되지 않은 점과 보상 규모 자체가 적은 점도 문제다. 이 같은 이유들 때문에 한국의 주택 지진 보험의 세대 가입률은 약 3.2퍼센트에 불과하다.(2016년 기준)

경주와 포항에서 제법 큰 규모의 지진이 일어나자, 이제 한국도 지진 안전지대가 아니라는 공감대가 형성되었다. 점점 지진 전용 보험의 필요성이 대두되고 있는 것이다. 다행히 금융감독원은 2017년 5월부터 지진 전용 보험 상품 출시를 준비하고 있다고 한다. 2018년 상반기에 지진 전용 보험이 등장할 예정이다.

옮긴이 박재영
서경대학교 일어학과를 졸업했다. 번역을 하며 새로운 지식을 알아가는 데 재미를 느껴 번역가의 길로 들어서게 되었다. 분야를 가리지 않는 강한 호기심으로 다양한 장르의 책을 번역, 소개하기 위해 힘쓰고 있다. 현재 번역 에이전시 엔터스코리아 출판기획 및 일본어 전문 번역가로 활동하고 있다. 역서로는《매듭 교과서》《립반윙클의 신부》《쉽게 배우는 코픽 마커 컬러링》등이 있다.

지진으로부터 아이를 지키는 생존 매뉴얼 50
가구 배치 · 대피방법 · 생존배낭 · 2차피해 대책 · 지진 후 생활

1판 1쇄 펴낸 날 2018년 1월 15일

지은이 | 구니자키 노부에
옮긴이 | 박재영
주 간 | 안정희
편 집 | 윤대호, 김리라, 채선희
디자인 | 김수혜, 이가영
마케팅 | 권태환, 함정윤

펴낸이 | 박윤태
펴낸곳 | 보누스
등 록 | 2001년 8월 17일 제313-2002-179호
주 소 | 서울시 마포구 동교로12안길 31(서교동 481-13)
전 화 | 02-333-3114
팩 스 | 02-3143-3254
E-mail | bonusbook@naver.com

ISBN 978-89-6494-334-2 03590

• 책값은 뒤표지에 있습니다.
• 이 도서의 국립중앙도서관 출판예정도서목록(CIP)은 서지정보유통지원시스템 홈페이지(http://seoji.nl.go.kr)와 국가자료공동목록시스템(http://www.nl.go.kr/kolisnet)에서 이용하실 수 있습니다.(CIP제어번호: CIP2017031745)